머리말

4차 산업혁명 시대에서 통계학은 데이터 사이언스의 중심 학문이라고 할 수 있다. 이에 통계 전공자는 데이터에 포함된 유의미한 패턴을 인식할 수 있는 인사이트를 가져야 하며, 이를 위해 수학적 지식은 필수적이다.

데이터 인사이트에 필요한 수학 분야는 함수 및 미적분인 선형대수와 행렬대수이다. 하지만 시중의 수학 관련 서적들은 방대하면서도 깊은 내용을 다루고 있으며, 정리와 증명 위주로 기술되어 있어서 데이터 사이언스 전공자에게는 다소 적합하지 않다. 2010년에 출간된 초판에 이어 개정판으로 발간하는 이 책은 데이터 사이언스에 필요한 수학 개념과 이론 활용을 중심으로 다루었으며, 수학 개념들이 데이터 사이언스에 어떻게 응용되는지 여러 예제를 통해 살펴보고 있다. 통계 소프트웨어로는 수리 개념에 대한 학생들의 이해를 돕기 위해 R(클라우드 버전)을 활용하였으며, 독자들의 통계계산 능력도 높일 수 있도록 구성하였다.

이 책은 총 5장으로 구성되어 있다. 1장에서는 통계수학에 필요한 기초 개념과 R에 대한 사용방법을 다루었고, 2장에서는 함수와 극한, 3장에서는 미분, 4장에서는 적분, 마지막으로 5장에서는 행렬에 대해 다루었다.

좋은 책을 위해 최선을 다했지만 부족한 부분이 있을 수 있다. 출간 후에라도 나올 수 있는 수정사항 등은 자유아카데미 홈페이지(www.freeca.com) 자료실에 제공할 예정이니 참고하기를 바란다. 끝으로, 편집을 도와준 제자 안효성과 박하윤 연구원 그리고 출간을 허락해 준 자유아카데미 출판사에 감사드린다. 이 책이 많은 사람들에게 도움이 되기를 바란다.

2022년 8월
오정골 연구실에서

차례

머리말 v

Chapter 1 개요

1.1 통계학이란? 2
1.2 통계학 기원 3
1.3 통계학 종류 6
1.4 통계학 도구 7
1.5 R 활용 8
1.6 알아두기 31
연습문제 42

Chapter 2 함수

2.1 좌표와 직선방정식 45
2.2 함수와 그래프 51
2.3 절대값 79
2.4 극한 82
연습문제 92

Chapter 3 미분

3.1 미분 98
3.2 특수함수 미분 106
3.3 연쇄법칙 110
3.4 잠재미분 115
3.5 미분 응용 116
연습문제 133

Chapter 4 적분

4.1 부정적분 139
4.2 정적분 140
4.3 치환적분 147
4.4 적분기법 150
4.5 부분적분 152
4.6 적분 응용 156
연습문제 166

Chapter 5 행렬

5.1 정의 172
5.2 특수한 행렬 173
5.3 기초연산 176
5.4 합 연산 178
5.5 곱 연산 179
5.6 나누기 연산 184
5.7 통계학 이용 187

찾아보기 191

Chapter

01

개요

1.1 통계학이란?
1.2 통계학 기원
1.3 통계학 종류
1.4 통계학 도구
1.5 R 활용
1.6 알아두기

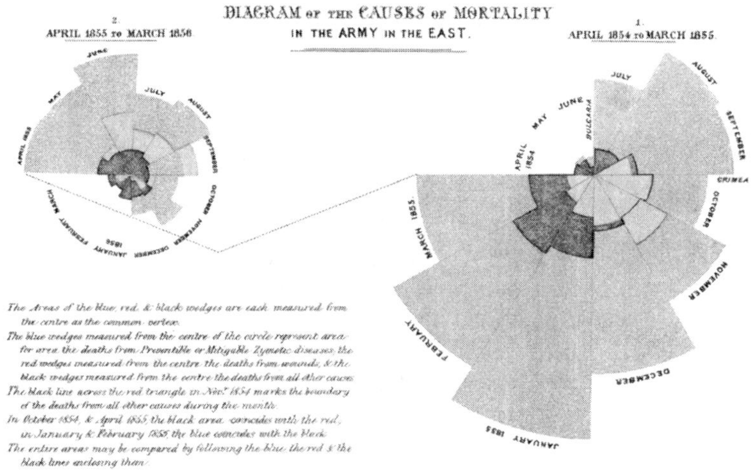

1.1 통계학이란?

통계학은 자료에 대한 학문으로 관심대상(모집단)의 개체(subject; 사람, 기업, 국가, 동식물 등)의 특성(변수) 대한 관측 데이터로부터 정보(information)를 얻는 일련의 과정 학문이다. 데이터는 정보를 지닌 숫자(number with context)의 모임으로 통계학은 다음 네 단계를 거쳐 데이터로부터 정보를 얻게 된다.

1 데이터 수집(data collection)
관심 집단의 특성을 측정한다.
측정된 특성을 변수라 하고 변수
유형 비율(ratio), 구간(interval),
순서(ordinal), 명목(nominal)으로 나눈다.

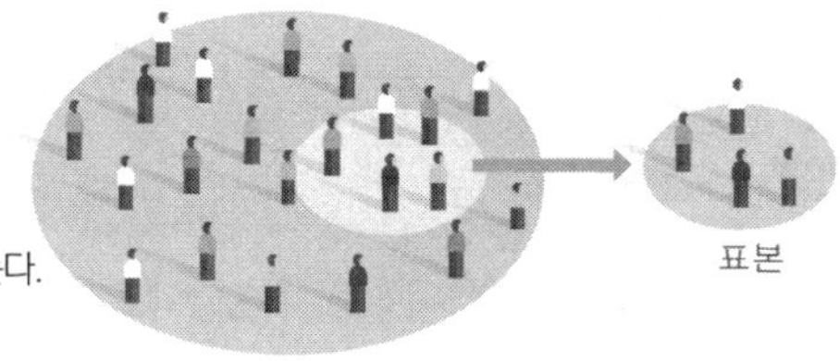

2 데이터 정리(data summarization)
수집된 데이터를 표나 그래프(히스토그램, 산점도)로 정리하여
그래프 요약(graphical summary)을 얻거나 평균, 표준편차,
비율과 숫자 요약을 얻는다.

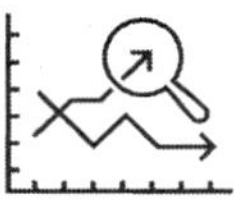

3 데이터 분석(data analysis)
알고자 하는 모집단의 특성(모수), 변수 간 함수관계에 대한 추론 단계.
추론(inference)이란 모수(parameter)값을 추정하거나 통계적 가설에 대한 진위여부를
판단하는 단계.

4 데이터 표현(data presentation)
데이터를 정리, 분석하여 얻은 정보를 적절히 표현하는 단계.
통계 전공자가 아니더라도 쉽게 이해할 수 있도록 작성한다.

통계 과정

OO 대학교 재학생의 한달 용돈은 어느 정도인가?

수집	재학생 전체를 조사하면 비용과 시간 면에서 효율적이지 않으므로 200명을 임의 추출하여(이를 표본이라 함) 조사한다.
정리	조사된 200명의 인구사회학적 항목(성별, 대학별)에 대한 빈도, 용돈에 대한 기초통계량(평균, 표준편차) 등을 계산한다.
분석	계산된 통계량을 이용하여 재학생 전체의 용돈 평균을 추정한다.
표현	용돈 평균에 대한 신뢰구간을 구하고 성별, 대학별 용돈 평균을 그래프나 표로 정리·발표한다.

다음은 통계학(Statistics)에 대한 많은 정의 중 일부이다.

- **Webster's Dictionary** 통계학은 숫자 데이터(numbered data)를 수집, 정리, 분석, 표현에 관련된 일련의 과정에 관한 학문으로 수학의 한 분야이다.
- **Kendall and Stuart** 통계학은 모집단(population: 관심의 대상이 되는 집단)의 성질(이를 통계학에서는 변수라 한다)을 세거나 측정하여 얻어진 데이터를 다루는 과학의 한 분야이다.
- **Wikipedia** Statistics is the science of making effective use of numerical data relating to groups of individuals or experiments.
- **Ott** 통계학은 데이터에 관한 학문이다(Statistics is about data).
- **Anonymous** 통계학은 미지에 대한 가이드이다(Statistics is a guide to the unknown).

위의 정의에서 볼 수 있듯이 통계학은 데이터를 절절히 요약·정리하고(기술), 이를 이용하여 모집단의 특성에 대한 정보를 얻는(추론) 일련의 과정이다.

1.2 통계학 기원

구약성서의 민수기(numbers)에는 광야 생활 전과 후에 각 한 번씩 이스라엘 백성 인구조사가 적혀 있다. 로마 황제 Tullis는 세금 징수를 위하여 5년마다 로마 인구 조사를 실시하였으며, Caesar는 이를 로마 제국 전역으로 확대하여 세금을 징수하였다. 총조사를 의미하는 센서스(census)의 어원은 'censura'(라틴어)로 세금을 의미하며, statistics(통계학)의 라틴어 어원은 'status'로 국가를 의미한다. 이처럼 초기 통계학은 국가를 유지하기 위한 수단으로 활용되었다.

인구 통계만 조사되다가 17세기부터 영국에서 출생률과 사망률을 조사하기 시작하였다. 크리미안 전쟁 중 간호사였던 나이팅게일(Florence Nightingale)은 사망자 수와 사망 원인 그래프로 표현한 Polar Diagram을 작성하였다(다음 그림 참조).

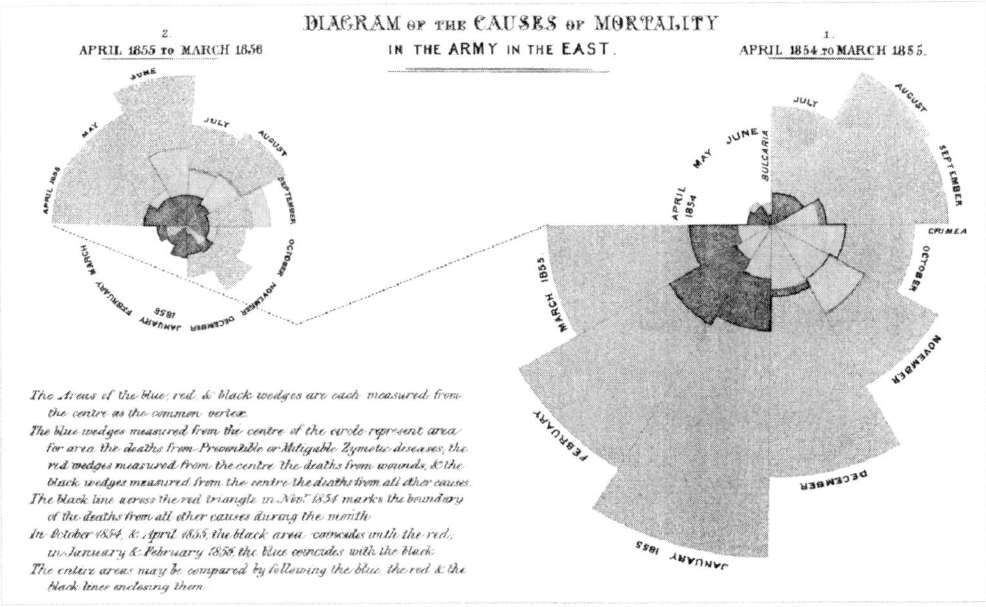

사회조사는 19세기 후반부터 사회 과학자들에 의해 사용되기 시작하였다. Karl Marx는 1880년에 2만 5천명의 프랑스 노동자를 대상으로 그들의 정치적 태도와 성향에 대한 우편 조사를 시행하였고, Max Weber는 직접 관찰과 조사 연구를 통하여 노동자들의 심리, 태도, 직업관 등을 연구하였다. 20세기에 들어오면서 미국 사회학자들에 의해 사회조사 방법론 연구가 활발하게 진행되었으며, 미국 통계국(Bureau of Census)은 표본추출 방법과 자료수집 방법에 대한 연구에 집중하였고, Gallup과 Roper와 같은 사회 여론 조사기관은 방법론을 발전시켰다.

추론 통계의 근간이 된 확률, 게임 이론(game theory)은 중세의 종교적, 도덕적 장벽으로 인하여 발전이 더디었다. Fermat과 Pascal(1754)은 친구의 요청으로 2인 게임에서 이길 확률을 계산하기 위하여 파스칼의 삼각형(다음 그림 참조)을 제안하였다. 승률이 동일한 두 팀이 7전 4선승 결승 경기를 하던 중 세 게임(팀A는 2승, 팀B는 1승) 후에 기상 악화로 더 이상 경기를 속개할 수 없게 되었다. 상금을 어떻게 배분해야 하나? 세 번째 행 (1, 2, 1)의 합은 4이고 첫 두 열의 합은 3이므로 2승한 팀은 상금의 3/4을, 1승한 팀은 1/4을 나눠 가지면 된다. 파스칼 삼각형은 이항전개에서의 계수값 계산에 이용된다. $(a+b)^3$을 전개하면 $a^3+4a^2b+4ab^2+b^3$ 이 된다.

$$
\begin{array}{ccccccccccc}
 & & & & & 1 & & & & & \\
 & & & & 1 & & 1 & & & & \\
 & & & 1 & & 2 & & 1 & & & \\
 & & 1 & & 3 & & 3 & & 1 & & \\
 & 1 & & 4 & & 6 & & 4 & & 1 & \\
1 & & 5 & & 10 & & 10 & & 5 & & 1
\end{array}
$$

파스칼 삼각형 활용

1. 7전 4선승 경기에서 네 게임(팀A 3승, 팀B 1승)을 치른 후 더 이상 경기를 할 수 없다. 이 경우 팀A의 상금 배분을 어떻게 해야 하는가?
2. $(a+b)^4$을 전개하시오.
3. $(a+b)^5$을 전개 시 a^2b^3의 계수값을 구하시오.

확률 이론 발전(J. Bernoulli, A. de Moivre, Komogorov)과 사회현상에 대한 고찰이나 과학적 사고로 얻어진 논리에 대한 연구와 수학의 접목을 통하여 통계학은 더욱 발전하게 되었다. 천문학자인 Gauss는 행성 간 거리를 연구하다가 측정오차의 분포로 정규분포(Normal distribution; Gaussian)를 유도하였다. 부모의 키와 자녀의 키의 관계를 연구한 유전학자 F. Gallton의 아이디어에 (회귀분석) 통계학자 K. Pearson은 아들 키와 아버지 키의 선형함수식의 계수를 계산하는 방법으로 최소자승법(method of least square)을 제안하였다. 독일의 맥주 공장 공장장인 W. Gosset은 표본의 수가 적을 때는 정규분포를 따르지 않는 경우를 자주 접하게 되어 Student(Gosset의 필명) t-분포를 제안하였다. 사람의 지적 능력을 측정하는 분야(Classic, Mathematics, Discovery, English, French, Music)를 그룹화하려는 Gallton의 아이디어에 C. Spearman은 요인분석 방법을 제안하였다. 이처럼 통계학은 인문, 사회, 자연 현상으로부터 발견된 이론을 데이터를 활용하여 설명하거나 진위여부를 판단하는 방법론과 이론을 제공한다.

자연과학은 우리 주변 현상을 이해하려는 노력으로 (1) 현상을 기술하거나 (2) 일정한 규칙을 발견하고 (3) 이론과 법칙을 정립하는 과정이다. 현상을 주목하고 경험적인 관찰을 통한 논리적 설명을 한다. 사회과학은 일정한 규칙을 발견하는 것은 쉽지 않으며 인간은 이를 의식적으로 탈피하려는 경향이 있어 일반적인 모형을 적용하는 것에 대한 이견이 적지 않다. 그럼에도 일정한 규칙을 발견하려는 노력은 계속되고 있고 이에 다양한 통계적 방법론이 사용되고 있다. 사회 현상을 이해하고 해석하는 데 통계학을 사용할 수 있다는 가능성을 보여준 사람이 벨기에 통계학자 A. Guetelet(19세기 초)이다. 20세기부터 사회 현상에 대한 정확한 서술은 계량화(quantify)라고 생각한 부류와 행동주의(behaviorism) 등이 활발히 연구되었다. 연구 과정과 모형화는 경험적 관찰이나 이론을 바탕으로 연구 가설을 정립한다. 다양하고 적절한 방법(관찰, 관측, 실험, 설문조사, 발표 자료 수집)으로 데이터를 수집하여 가설의 진위를 판단한다. 가설을 정립할 때는 추상적인 개념을 구체화하고 정형화, 수량화(계량화)하는 작업이 필요하다.

1.3 통계학 종류

ASA(American Statistical Association)는 통계학이 데이터 수집, 분석, 표현에 대한 수리적 원리의 과학적 응용이라고 정의하고, 통계학자는 조사 및 실험설계, 데이터 수집, 처리, 분석, 그리고 결과에 대한 해석에 그들의 수리적, 통계학적 지식을 활용하여 과학적 의문에 도움을 주는 전문가라고 하였다.

통계학은 기술통계학과 추론통계학으로 나뉜다. 기술통계학(descriptive Statistics)은 모집단 전체 혹은 표본(모집단 일부)으로부터 얻은 데이터에 대한 숫자 요약(기초통계량; 평균, 분산)이나 그래프 요약(히스토그램)을 통하여 관심 대상에 대한 유용한 정보를 생산하는 분야이다. 표본으로부터 얻은 정보, 요약된 통계량이나 그래프를 이용하여 모집단의 특성(모수: parameter)을 추론(추정, 검정)하거나 설정된 특성(변수)들의 함수 관계의 진위여부를 판단하는 분야를 추론통계학(inferential Statistics)이라 한다.

기술통계학과 추론통계학

OO 대학교 재학생의 한달 용돈 평균

기술 통계학	표본 학생 200명의 한달 용돈 평균 353,430원, 표준편차는 51,770.7원, 범위는 211,517원 ~ 491,768원이었다. 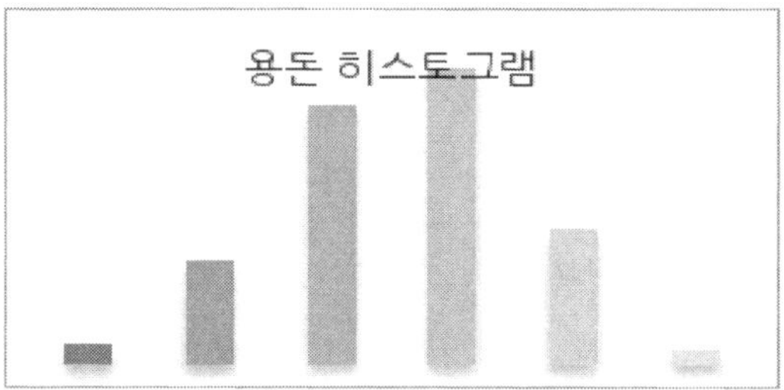
추론 통계학	재학생 전체의 용돈 평균은 353,430원이다(추정값). 95% 신뢰구간은 $(353,430 \pm 1.96\frac{51,70.7}{\sqrt{200}})$이다.

통계 방법론은 CDA(Confirmatory Data Analysis, 확증적 데이터 분석)와 EDA (Exploratory Data Analysis, 탐색적 데이터 분석) 방법으로 나눌 수 있다. 과학 철학자 Popper(1955)는 "이론은 직관에 의해서만 얻어질 수 있다"고 주장해 연역적 방법(CDA)의 타당성을 강조하였다. 즉, CDA는 경험이나 이론에 의해 가설을 설정하고 적절한 데이터를 수집하여 이론의 타당성을 검증한다. 귀납적 방법(inductive reasoning)은 1977년 J. Tukey가 제안한 탐색적 데이터 분석(EDA: Exploratory Data Analysis) 방법에 근거하고 있다. (1) 수집된 데이터가 가진 정보를 숫자 요약과 그래프를 이용하여 찾아내거나, (2) 데이터를 보다 유용하게 만들기 위하여 데이터를 재표현(re-expression)하여 정보를 얻는 방법이다.

1.4 통계학 도구

1.4.1 데이터

관심 대상의 개체(사람, 기업, 국가, 동식물 등)에 대한 정보를 지닌, 원시 형태나 비정형 형태의 숫자나 문자 모임을 데이터(data)라 정의한다. 데이터는 측정(measure), 관측(observe), 조사(survey), 실험(experiment)을 통하여 수집하거나 신뢰성 높은 기관에 의해 생산되어 공표되는 통계를 통해 얻는다. 좋은 데이터는 측정 목적이 명확히 서술되어야 하며 수집 과정에 대한 내용, 데이터 관리 및 품질 유지 방법 등에 대해 문서화가 되어 있어야 한다.

데이터는 개체에 대한 관심 특성인 변수(variable)와 개체의 변수 측정값인 관측값(observation)으로 구성되어 있다. 변수는 알파벳 X, Y, Z, … 등으로 표현하고 관측값은 X_i, Y_i, … 등으로 표현한다. 데이터의 형태는 실수형으로 관측되는 측정형(metric, numeric, quantitative)과 문자형으로 관측되는 분류형(non-metric, categorical, qualitative)으로 나눈다. 측정형은 구간(interval)과 비율(ration), 범주형은 명목형(nominal)과 순서형(ordinal)으로 나눈다.

1.4.2 수학

통계학의 이론이나 방법들은 사회, 자연 현상을 연구하는 연구자들의 과학 이론에 대한 검증을 위하여 제안되고 발전하였다. 숫자의 모임인 데이터를 통하여 정보를 얻거나 추론을 하게 되므로 통계학의 방법론들은 수리에 관한 학문인 수학 이론 및 전개를 기초로 한다. 수학적 지식은 통계학 이론을 이해하는 데 도움이 되며, 자료분석과 결과해석을 위한 논리적 사고를 갖게 하므로 통계 전공자는 수리적 사고를 가져야 한다. 또한 통계학은 천문학, 물리학의 실험 데이터 분석, 수학의 확률 및 분포 이론으로부터 통계적 방법론이 제안되고 발전되었으므로 통계 전공자에게 수학적 지식은 꼭 필요하다.

통계방법론은 사회, 자연 현상에 대한 정보를 얻기 위하여 개발되었고 소프트웨어 발달로 인하여 통계 비전문가라도 데이터로부터 정보(숫자요약, 그래프, 추론결과)를 용이하게 얻을 수 있으나 적절한 분석 방법을 사용하고 올바른 결과 해석을 하려면 통계적 지식이 필요하다. 통계학은 숫자의 모임인 데이터로부터 정보를 얻는데, 관련된 학문으로 통계적 방법론은 수학 이론 및 전개를 기초로 한다.

그러므로 수학적 지식은 통계학 이론을 이해하는데 도움이 되며 자료 분석과 결과 해석을 위한 논리적 사고를 갖게 하므로 통계 전공자가 수리적 사고를 가져야 한다.

또한 통계학은 천문학, 물리학의 실험 데이터 분석, 수학의 확률 및 분포 이론으로부터 통계적 방법론이 제안되고 발전되었으므로 통계 전공자에게 수학적 지식은 필요하다. 수학은 데이터 사이언스 전문가가 갖추어야 할 창의력과 논리력을 길러준다.

1.4.3 컴퓨터

컴퓨터의 발달은 사용자의 보편화, 대용량 데이터 처리 능력 향상, 응용 소프트웨어 발달로 이어지게 된다. 통계 소프트웨어도 통계 계산 분석을 용이하게 한다.

수리적 한계 극복: 복잡한 수학 방정식의 해 혹은 근사 해를 구한다.
시뮬레이션: 사회 현상이나 실험을 컴퓨터에서 실현하여 결과를 예측한다.

On-Line-Transaction-Protocol ▶ Data warehousing ▶ Data mining ▶ Big Data

1.5 R 활용

통계 계산과 그래프 작성을 위한 언어와 환경인 R은 뉴질랜드 Auckland 대학의 Ross Ihaka와 Robert Gentleman이 1995년 개발하고, R-Core 팀이 1997년 결성된 후 2002년 R Foundation이 설립되어 전 세계에 무료로 배포되고 있다. R은 Unix와 유사한 OS로 다양한 인터페이스와 DBMS 데이터를 수용하며, 그래픽 기능이 강한 S 언어 환경하에서 개발되었다. S 코드 대부분은 수정 없이 R에서 실행할 수 있다.

R의 장점은 작고 효과적이며 대화식 프로그램 수행이 가능하다는 것이다. 대용량 데이터 관리 및 처리, 행렬 연산이 가능하며 Freeware and Open source 개념을 지향하여 GPL(General Public License) 개념으로 CRAN(Comprehensive R Archive Network)에서 배포한다. 그러므로 R은 전 세계 연구자에 의해 개발된 알고리즘과 함수 활용을

가능하게 한다. 다양한 확장성 및 범용성을 가지고 있어 UNIX, Mac, Windows 운영체계 사용이 가능하며 Java, C, Fortran 프로그래밍 언어에 인터페이스가 제공되고 있다.

RStudio는 통계 컴퓨팅, 그래픽스를 위한 프로그래밍 언어인 R을 위한 자유-오픈 소스 통합 개발 환경(IDE)으로 RStudio Desktop(프로그램이 일반 데스크톱 애플리케이션으로 실행됨)과 RStudio Server(원격 리눅스 서버에서 실행되는 동안 웹 브라우저를 사용하여 RStudio에 접근을 허용) 두 가지 에디션이 있다(위키피디아). 본 저서는 RStudio 데스크탑 버전, 클라우드 환경 설치방법을 설명하지만 클라우드 환경에서 R을 사용하여 실습 설명하기로 한다. 클라우드 환경의 장점은 인터넷이 되는 어느 곳에서나 컴퓨터에 R이 설치되어 있지 않아도 R을 사용하여 분석 가능하기 때문이다.

1.5.1 설치하기

설치 파일 웹사이트: http://www.r-project.org

R 프로그램 설치하기 - 내 컴퓨터에 설치하기

[Home]

Download

CRAN

"CRAN" 링크를 클릭하면 각 지역의 다운로드 미러 사이트가 나타나는데, 한국 미러 사이트 한 곳을 클릭한다(22년 6월 기준).

Korea

https://ftp.harukasan.org/CRAN/	Information and Database Sy:
https://cran.yu.ac.kr/	Yeungnam University
https://cran.seoul.go.kr/	Bigdata Campus, Seoul Metro
http://healthstat.snu.ac.kr/CRAN/	Graduate School of Public He
https://cran.biodisk.org/	The Genome Institute of UNI:

다음의 다운로드 페이지가 나타나면 사용하는 컴퓨터 환경에 맞는 버전을 선택한다.

Download and Install R

Precompiled binary distributions of the base system and contril versions of R:

- Download R for Linux (Debian, Fedora/Redhat, Ubuntu)
- Download R for macOS
- Download R for Windows

설치 파일을 선택하는 페이지에서 install R for the first time. 을 선택한다.

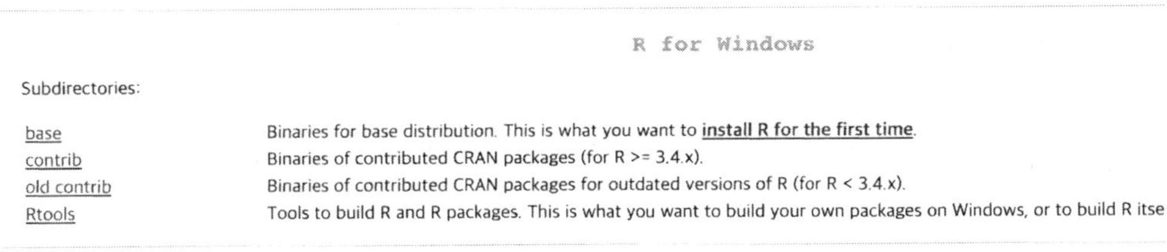

Download R-4.2.0 for Windows 을 클릭하여 R-4.2.0-win.exe (설치 파일)를 다운 받은 후 설치하면 된다(22년 6월 기준, 버전 4.2가 제공되고 있음).

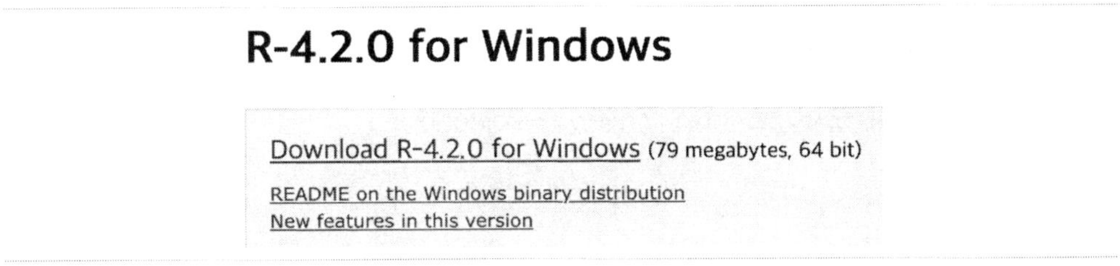

탐색기에서 "다운로드" 폴더로 이동하여 "R-4.2.0.exe" 설치파일을 클릭하여 프로그램 설치가 시작되면 설치 마법사가 설치 관련 옵션을 창에 띄워 선택만 하면 자동 설치된다.

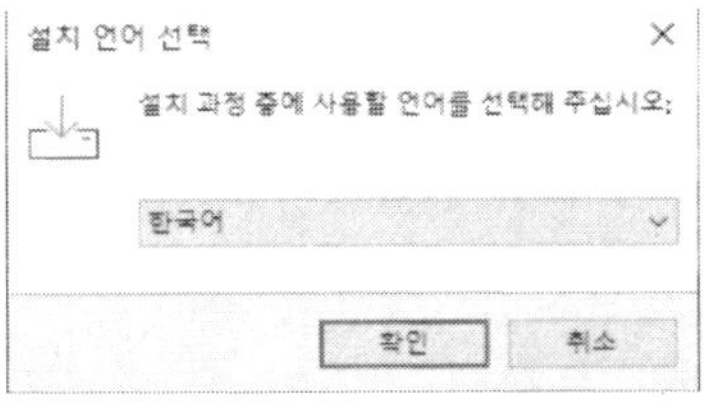

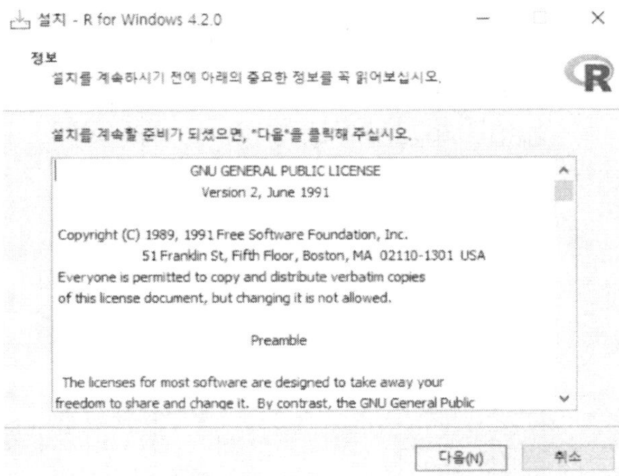

설치 후, 환경설정을 수정할 수 있으므로 설치 마법사가 제시하는 디폴트 옵션으로 설치할 것을 권한다. 디폴트 옵션에 의해 설치된 R 프로그램의 설치 폴더는 "C"\Program Files\R"이고, 시작 메뉴에는 R 4.2.0 아이콘이다.

다음은 R의 첫 화면이다. 메뉴 바, 주요 아이콘 바, 콘솔(console) 창이 나타난다. 콘솔 창에서는 라인 실행이 가능하다. 콘솔에서는 프로그램(R에서는 Script라 한다) 실행, 결과 출력, 프로그램 오류 등이 출력된다. 그래프 창은 필요 시 팝업 되며 적절한 그래프가 그려진다. 프로그램은 콘솔에서 가능하지만 스크립트(Script, 프로그램) 창에서 작성이 가능하다.

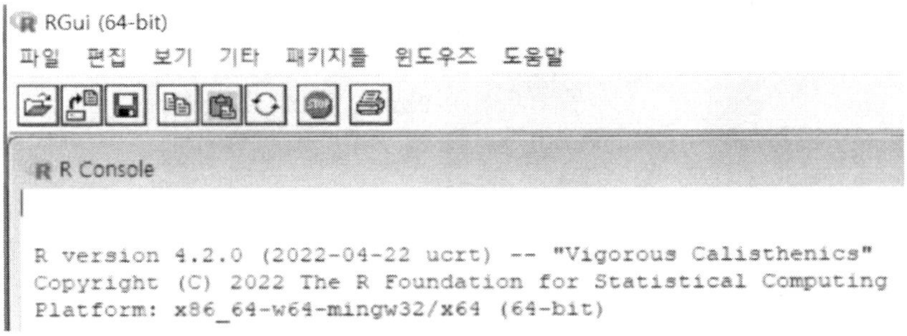

패키지 설치

"base"에 포함되지 않는 함수가 포함된 라이브러리는 "패키지" 메뉴에서 가능하다. 그룹 변수에 의해 측정형 변수의 기초통계량을 구하는 함수 summaryBy()는 "base"에 포함되어 있지 않고 "doBy" 라이브러리에 있다. 이를 설치하는 예로 패키지 설치 방법을 설명하겠다.

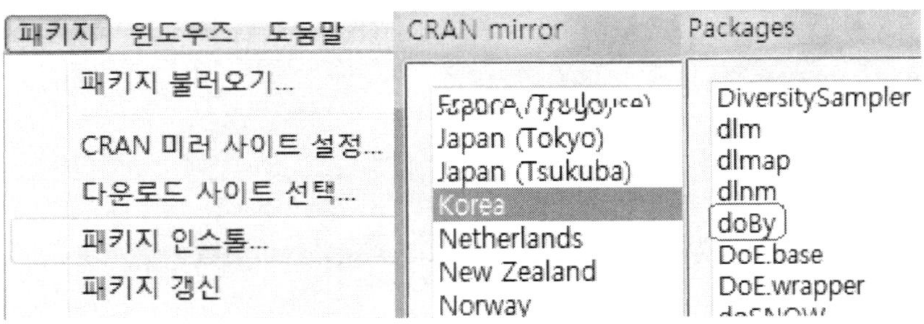

설치가 완료되면 콘솔에 설치된 패키지 내용과 성공여부가 출력된다. 패키지는 한 번만 설치하면 지속적으로 사용할 수 있으므로 미리 설치할 필요없이 필요할 때마다 설치하면 된다.

R 프로그램 설치하기 - RStudio 데스크탑 설치

https://www.rstudio.com/products/rstudio/download/에 접속하여 "RStudio Desktop" 버전을 다운로드하면 무료로 사용할 수 있다.

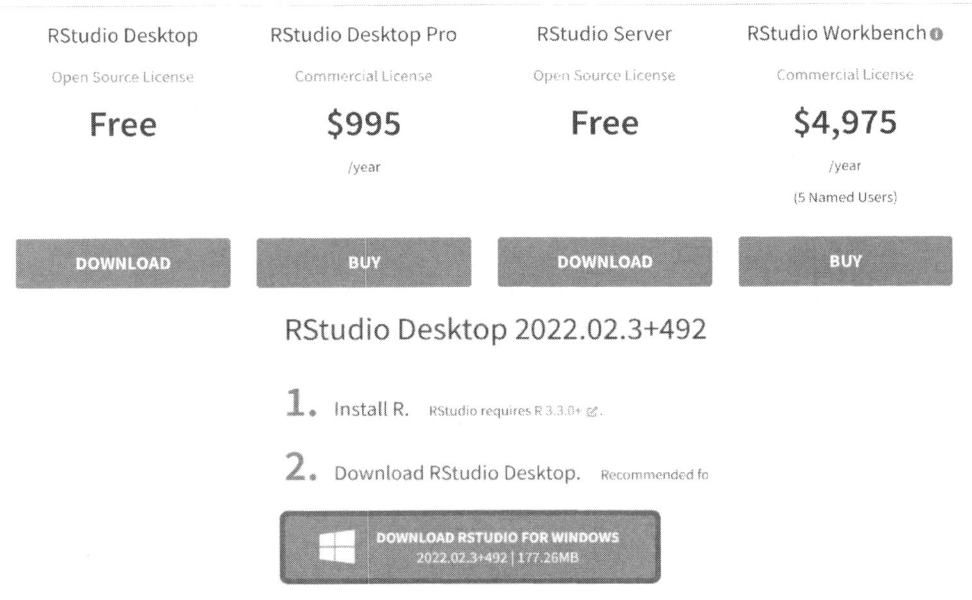

다운로드 된 RStudio-2022.02.3-492.exe 설치파일을 클릭하면 설치 마법사가 나타나고 디폴트 옵션으로 설치를 진행하면 된다. 설치가 완료되면 시작 메뉴에 RStudio 아이콘 메뉴 나타나고 이를 클릭하면 RStudio 프로그램이 실행된다.

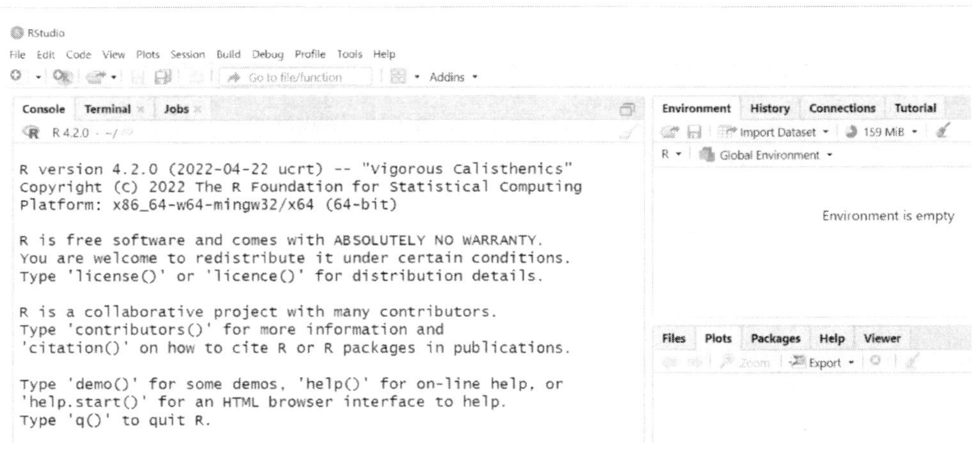

R 프로그램 설치하기 - RStudio 클라우드 버전

https://rstudio.cloud/ 사이트에 접속하여 "GET STARTED FOR FREE"에서 가입(sign up)신청을 한다.

가입을 완료하고 접속하면 아래 화면이 나타난다. 무료 가입자는 5G 용량, 최대 5개 프로젝트까지 만들 수 있다.

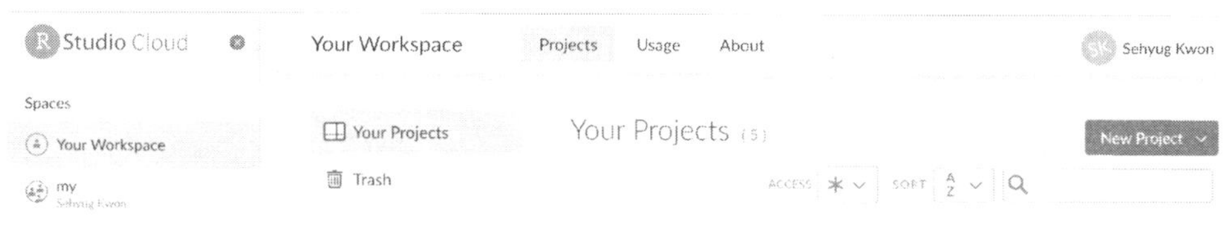

"New Project" 클릭하여 "STAT_Math" 프로젝트를 만들면 RStudio 데스크탑과 동일한 환경이 나타난다. 메뉴, 왼쪽 Console 창, 오른쪽에는 위에는 생성된 데이터, 이전 실행된 스크립트 내용 등이 나타난다. 오른쪽 아래는 스크립트, 그래프 결과 등이 나타난다. 코딩을 위한 스크립트 창은 File에서 파일을 열어야 나타난다. 각 창에 표시되는 내용은 1.5.2 시작하기에서 예제를 실행하여 설명하기로 한다.

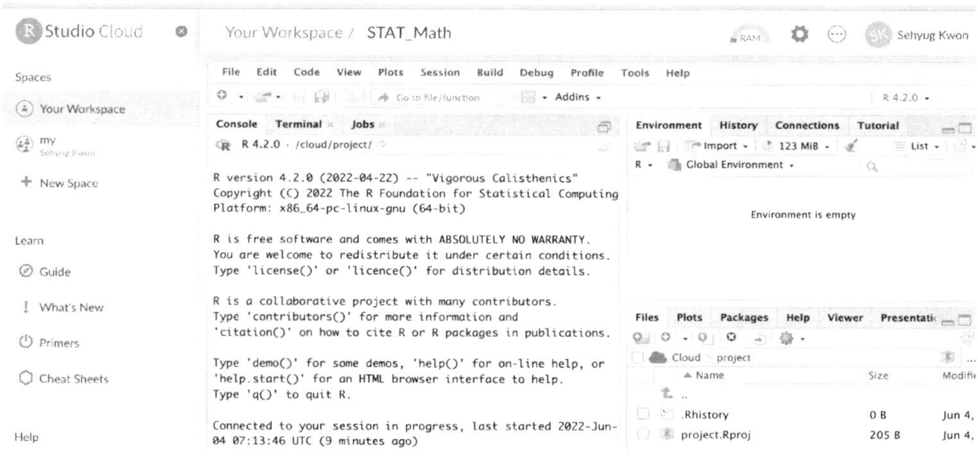

1.5.2 시작하기

새 스크립트 작성하기

File ▶ New File ▶ R Script(R 코딩) 선택하면 스크립트 창이 열리고 탭 이름 "Untitled1"으로 열린다. 새로운 스크립트를 열면 Untitled2, … 이런 식으로 열린다.

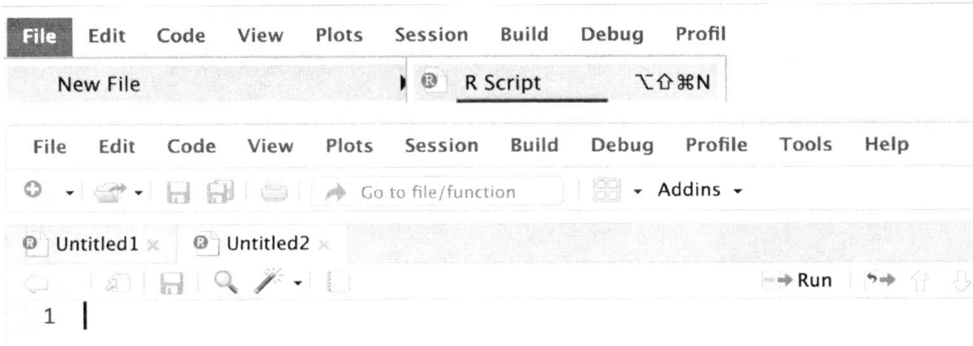

1행에 "sqrt(2)"를 코딩한 후 Run 을 클릭하거나 CTRL+R을 입력하면 스크립트가 실행되고 Console 창에 실행결과가 나타난다. 만약 오류가 있으면 오류 내용을 붉은 글씨로 나타낸다(R에는 ln() 함수가 없으므로 오류 내용이 표시됨). R은 라인(행) 단위로 실행된다.

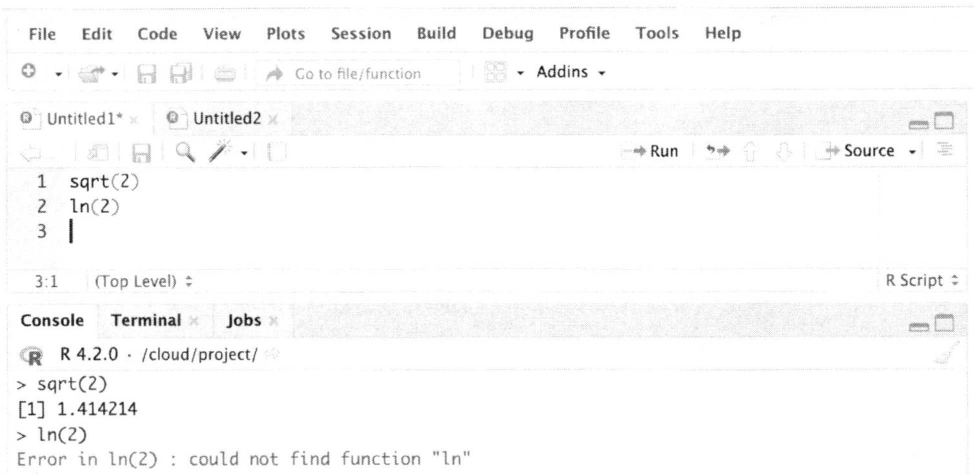

ln(2)을 log(2)로 수정하여 실행하면 제대로 된 결과가 나타난다.

```
> ln(2)
Error in ln(2) : could not find function "ln"
> log(2)
[1] 0.6931472
```

스크립트 저장하기

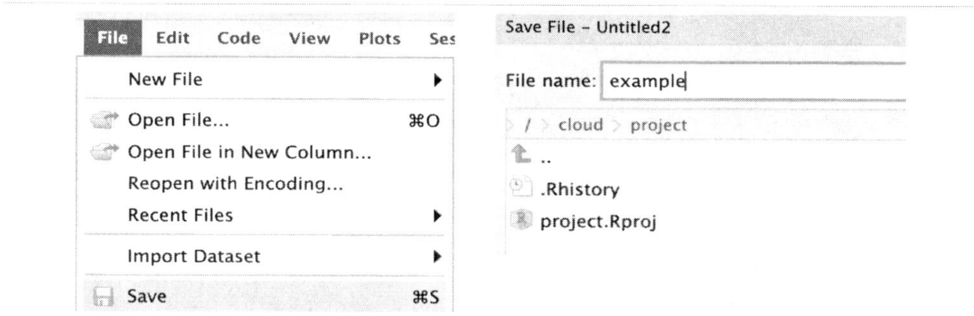

탭 이름이 "Untitled1"에서 "example.R"로 바뀌고 오른쪽 아래 창의 Files 화면에는 저장된 파일이 나타난다.

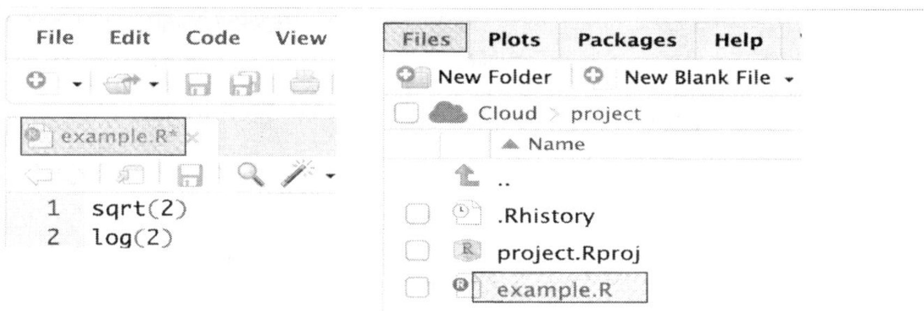

외부 데이터 불러오기

Fisher의 붓꽃 데이터 https://www.kaggle.com/datasets/uciml/iris?resource=download 사이트로부터 "iris.csv" 다운 받아 자신의 컴퓨터 다운로드 폴더에 저장한다. 엑셀 파일 형식 데이터를 가져오기 위하여 엑셀에서 "iris.xlsx"로 다시 저장한다. 우선 컴퓨터에 저장된 파일을 클라우드 공간으로 업로드 해야 한다. 오른쪽 아래 창의 Files ▶Upload 메뉴를 선택하고 업로드 파일(iris.xlsx)을 설정한다.

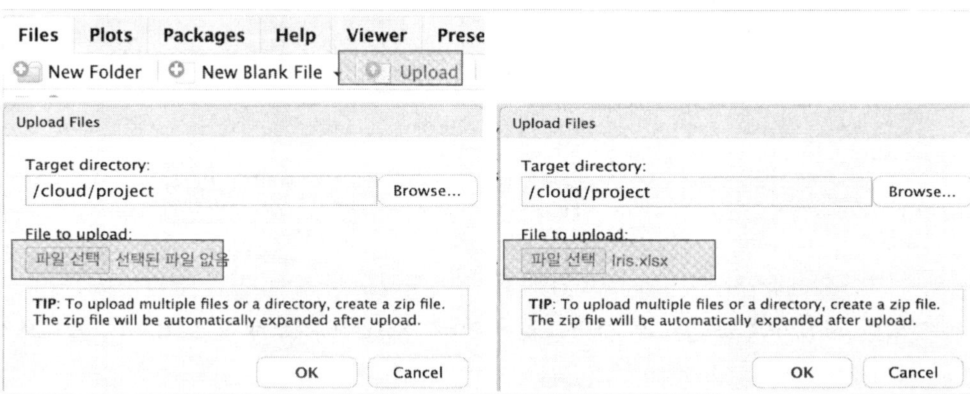

Files 창에는 스크립트 파일, 업로드한 데이터 파일이 STAT_Math 프로젝트 클라우드에 저장되어 있다.

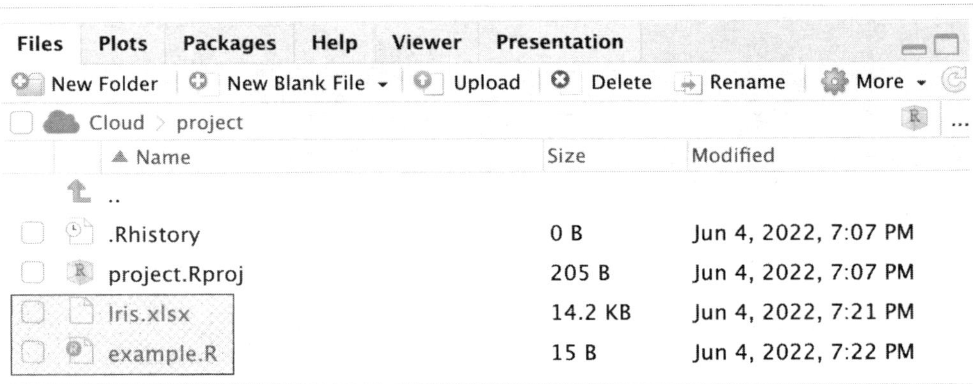

클라우드에 업로드 된 엑셀 파일을 R 데이터프레임으로 불러오려면 Environment ▶ Impot Dataset 메뉴에서 적절한 데이터 파일 형식을 선택한다. 생성한 프로젝트에서 엑셀 형식 파일을 처음 불러오는 경우 필요한 패키지(필요함수를 가진 라이브러리) 설치하라는 화면이 나타난다.

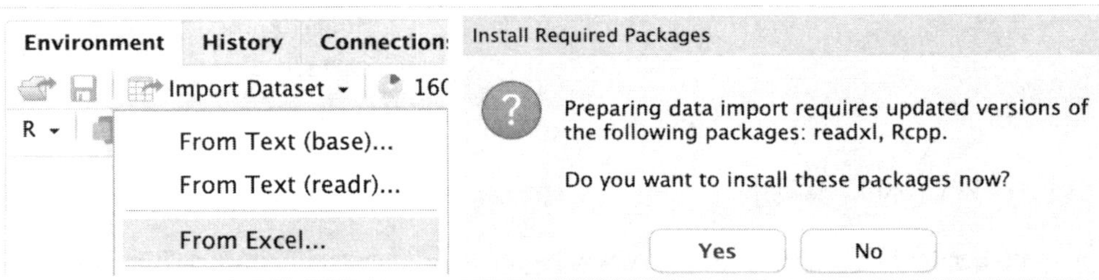

Yes 를 클릭하면 다음과 같이 콘솔 창의 Jobs 탭에 엑셀 불러오기에 필요한 패키지 “readxl”이 자동 설치된다.

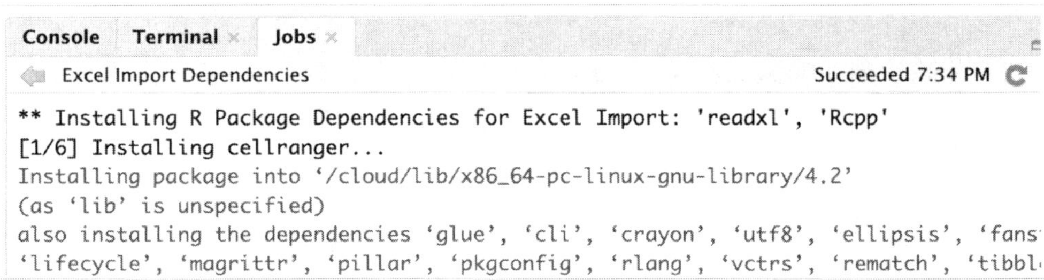

필요한 패키지가 설치 완료되면 데이터 불러오기 창이 팝업 된다. 불러들일 엑셀 파일을 지정하면 불러온 후 불러들일 데이터 스프레드시트 형식 보여주기, 불러오기 옵션, 코드가 나타난다.

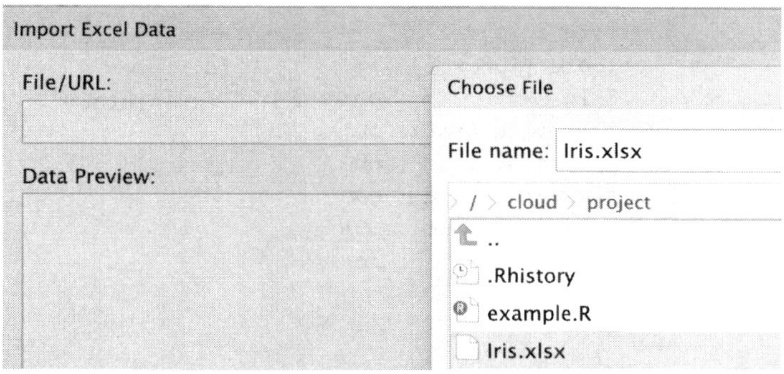

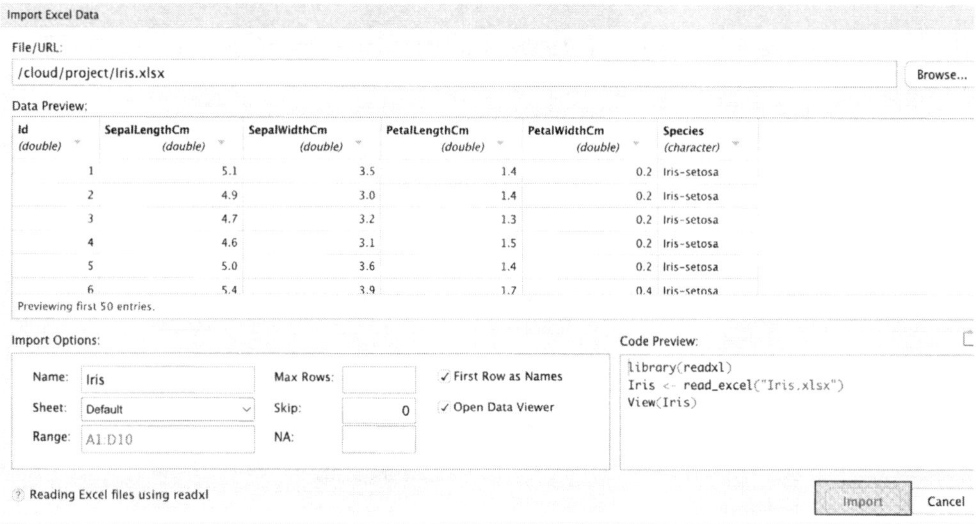

Import 를 클릭하면 File 창에는 새로운 탭이 만들어지고 불러온 데이터프레임(R에서 사용되는 데이터 형식) 미리보기가 나타난다. Environ 창에는 불러온 데이터프레임 이름과 함께 변수(열) 개수, 행(관측 표본크기) 개수에 대한 정보가 나타난다. 표본크기 150개, 변수는 6개이다.

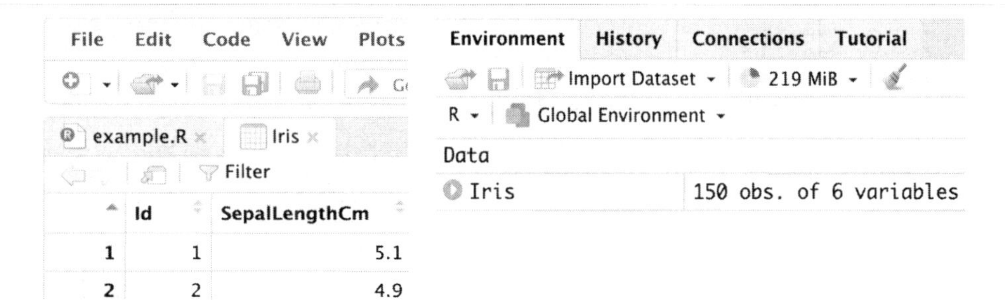

스크립트에 str() 함수를 사용하여 데이터프레임 Iris의 구조를 파악하거나 columns() 함수를 이용하면 변수 이름이 출력된다.

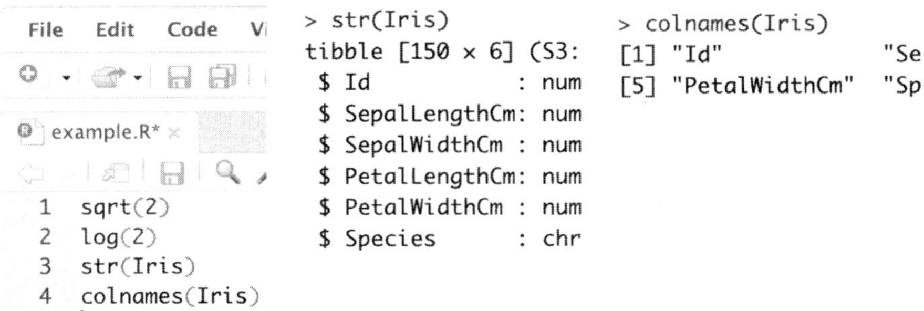

스크립트에 7 boxplot(Iris$SepalLengthCm ~ Iris$Species)을 입력하고 실행하면 나무상자그림이 오른쪽 아래 창의 **Plots** 화면에 출력된다.

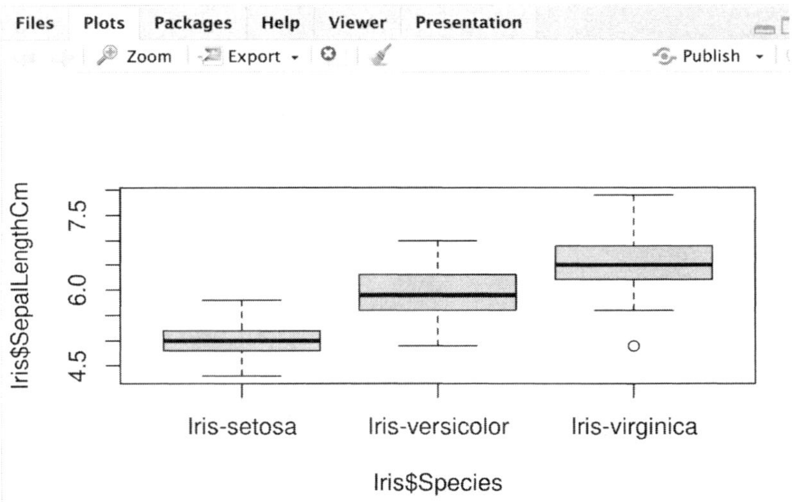

1.5.3 오브젝트

오브젝트(object)는 R에서 모든 것이다(Object is everything). 모든 오브젝트는 속성을 가지고 있고 이를 통하여 R 사용자는 R과 이야기하며, 모든 내용을 이곳에 저장한다.

오브젝트의 형식은 숫자형(numeric), 문자형(characteristic), 요인(분산분석의 요인), 논리형(logical), 실수형(double), 복소수형(complex) 등이 있다.

오브젝트에 저장될 수 있는 내용은 벡터, 행렬, 데이터, 배열, 리스트, 함수(분석) 결과 내용 등이 있으며, 저장하려면 기호 <-, = (동일한 작업 내용)을 사용한다. 이를 오브젝트 할당(assignment)이라 한다.

R 오브젝트 활용

```
> sqrt(2)
[1] 1.414214
> x=sqrt(2); x
[1] 1.414214
> y=sqrt(2); y
[1] 1.414214
> ls()
[1] "Iris" "x"    "y"
```

- ▶ =, <- 을 사용하면 우측 작업 내용이 좌측 이름으로 오브젝트로 저장된다.
- ▶ 오브젝트 내용을 보려면 오브젝트 이름을 입력하면 된다.
- ▶ 오브젝트의 리스트를 보려면 함수 ls()를 이용한다.
- ▶ ;은 명령문을 나누는 역할을 한다.

오브젝트 이름은 영어 알파벳, 숫자, 마침표 ., under-bar _ 등의 조합을 사용할 수 있으나, 숫자, ., _, -은 첫 글자로 사용할 수 없다. 그리고 내장 함수(sqrt, sin, pi) 이름이나 명령어(for, if, matrix, read.xls)로 예약된 단어는 오브젝트 이름으로 사용할 수 없다. R에서는 대소문자를 구별(case sensitive)해야 하므로 오브젝트 이름도 동일한 적용을 받아, ds와 Ds는 서로 다른 오브젝트 이름이다. 이름 길이는 충분히 길어도 되지만 가능하면 짧고 오브젝트 내용을 인지할 수 있으면 된다. 학생들의 성적 관련 데이터 셋이면 'scoredataset'보다는 'score' 혹은 'score.ds'가 더 적절해 보인다.

1.5.4 함수

내장함수(built-in function)

R의 라이브러리 패키지에는 여러 함수(function)가 내장되어 있다. 다음은 1.2.2절에서 사용자 컴퓨터에 설치한 "doBy" 패키지를 RStudio 클라우드에 설치하는 절차이다. 오른쪽 아래 창의 Packages ▶ Install 클릭하여 패키지 이름을 입력하여 설치한다.

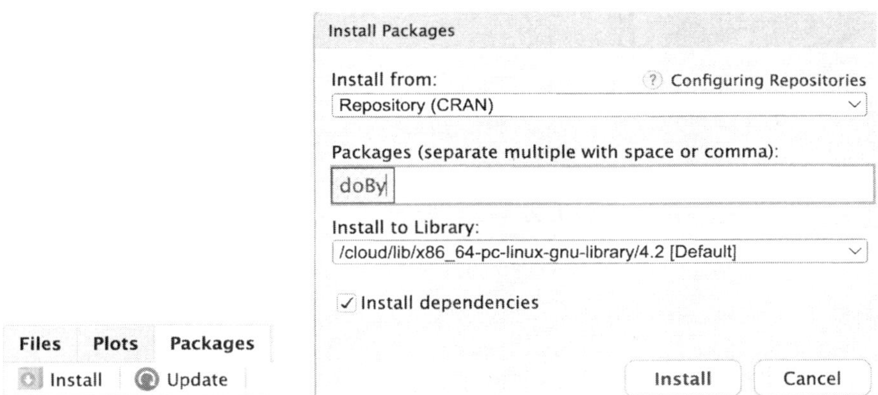

R1 내장된 함수는 수학함수, 문자함수, 통계분포함수, 통계함수, 데이터 생성 함수 등

이 있다. 다음은 통계학에서 주로 사용되는 함수 중심으로 함수명과 기능을 예제 중심으로 설명한 것이다.

수학함수(mathematical function)

함수	기능
abs(x) sqrt(x) x^n	절대값 제곱근 n승값

(예제)

```
> x=-2.34;y=1.25;z=3
> abs(x);sqrt(z);y^3;y^(1/2);y^0.5
[1] 2.34
[1] 1.732051
[1] 1.953125
[1] 1.118034
[1] 1.118034
```

함수	기능
ceiling(x) floor(x) trunc(x)	올림 내림 소수점 이하 버림

(예제)

```
> ceiling(x);ceiling(y)
[1] -2
[1] 2
> floor(x);floor(y)
[1] -3
[1] 1
> trunc(x);trunc(y)
[1] -2
[1] 1
```

함수	기능
round(x, digits=n)	소수점 n자리 이하 반올림

(예제)

```
> round(x,1);round(y,0)
[1] -2.3
[1] 1
```

함수	기능
cos(), sin(), tan()	삼각함수값

(예제)

```
> pi;sin(pi/2);sin(90);cos(pi/2)
[1] 3.141593
[1] 1
[1] 0.8939967
[1] 6.123234e-17
```

함수	기능
log(), log10(), log2()	자연로그값, 상용로그값, 밑이 2인 로그값
exp()	지수함수값

(예제)

```
> log(10);log10(10);exp(1)
[1] 2.302585
[1] 1
[1] 2.718282
```

함수	기능
prod()	데이터 곱

(예제)

```
> prod(2,3,5)
[1] 30
> data=c(2,3,5);prod(data)
[1] 30
```

함수	기능
choose(n, r) factorial(n)	조합, combination 순열, factorial

(예제)

```
> choose(5,3);factorial(5)
[1] 10
[1] 120
```

문자함수(characteristic function)

함수	기능
substr(x, s, e)	문자열 x에서 s 자리부터 e 자리까지 선택

(예제)

```
> w<-c('Statistics is about Data')
> substr(w,2,5)
[1] "tati"
```

함수	기능
strsplit(x, ‘sp’)	sp 단어에서 단어가 나누어짐

(예제)

```
> strsplit(w,'t')
[[1]]
[1] "S"           "a"           "is"          "ics is abou" " Da"
[6] "a"
```

함수	기능
paste()	단어 붙이기

(예제)

```
> paste('id',1:3,sep='')
[1] "id1" "id2" "id3"
> paste('id',1:3,sep='-')
[1] "id-1" "id-2" "id-3"
> paste('today is',date())
[1] "today is Sat Jun  4 21:01:50 2022"
```

함수	기능
toupper(x) tolower(x)	대문자 만들기 소문자 만들기

(예제)

```
> w<-c('Statistics is about Data')
> toupper(w)
[1] "STATISTICS IS ABOUT DATA"
> tolower(w)
[1] "statistics is about data"
```

함수	기능
sub(r, o, x)	단어 x에서 o문자를 r로 대체함

(예제)

```
> z=paste('I am','Fine')
> sub('Fine','Great',z)
[1] "I am Great"
```

통계함수(statistical function)

함수	기능
데이터	함수 rnorm(n, m, s)는 평균이 m, 표준편차 s인 정규분포를 따르는 데이터 n개를 랜덤하게 만든다. 랜덤하게 만들 때 seed는 실행 시각으로 할당되므로 매번 다르게 된다. 함수 round()는 값을 정수로 반올림한다.

(예제)

```
> x<-rnorm(10,50,10)
> x
 [1] 44.02635 49.88662 59.00175 33.90570 38
 [9] 52.25383 56.92151
> round(x,0)
 [1] 44 50 59 34 38 42 30 50 52 57
> round(rnorm(5,50,10))
[1] 38 28 55 56 52
```

함수	기능
mean()	평균 10% 절삭평균

(예제)

```
> mean(x) #평균
[1] 45.6215
> mean(x,0.1) #절사평균
[1] 45.85366
```

(10개 데이터 중10%, 가장 큰 수와 가장 각 한 개씩을 제외한 8개 데이터 평균이다.)

함수	기능
sd(), var()	표준편차, 분산

(예제)

```
> sd(x);var(x) #표준편차,분산
[1] 9.620102
[1] 92.54636
```

함수	기능
median()	중위수

(예제)

```
> median(x) #중위값
[1] 46.95648
```

함수	기능
quartile(x, p)	사분위값, 백분위값

(예제)

```
> quantile(x) #데이터 사분위값
      0%      25%      50%      75%     100%
30.38401 39.01925 46.95648 51.71541 59.00175
> quantile(x,c(0.1,0.9)) #하위 10%, 상위 10%
     10%      90%
33.55353 57.12953
> quantile(x,0.9) #상위 10%, 90%백분위
     90%
57.12953
```

함수	기능
range(), min(), max()	범위, 최대값, 최소값

(예제)

```
> range(x) #범위 구간
[1] 30.38401 59.00175
> min(x);max(x) #최소값, 최대값
[1] 30.38401
[1] 59.00175
```

함수	기능
sum(), prod()	데이터 합계, 곱

(예제)

```
> sum(x);prod(x) #데이터 합, 곱
[1] 456.215
[1] 3.156202e+16
```

(3.1562×10^{16})

함수	기능
diff(x, lag=t)	앞의 숫자 - 뒤 숫자 (시차 = t)

(예제)

```
> x #데이터 개수 10
 [1] 44.02635 49.88662 59.00175 33.90570 38.:
 [9] 52.25383 56.92151
> diff(x,1) #x_i - x_(i-1) : 데이터 개수 9
[1]    5.860269   9.115134 -25.096050   4.265:
[8]    2.153669   4.667682
> diff(x,2) #x_i - x_(i-2) : 데이터 개수 8
[1]  14.975403 -15.980917 -20.830804   7.658
[8]    6.821350
```

통계분포함수(statistical distribution function)

함수	기능
d*(*x*, 모수)	확률변수 x의 *x*에서의 확률값, f(x), 확률밀도함수
p*(*x*, 모수)	확률변수 x의 *x*까지 누적확률값, F(x), 누적분포함수
q*(p, 모수)	누적확률값이 p인 확률변수 x의 값, 역분포함수값, $F^{-1}(p)$
r*(n, 모수)	분포함수 *를 따르는 데이터 n개를 랜덤하게 생성, 확률변수 생성

*) x: 확률변수값, p: 확률, n: 표본 크기

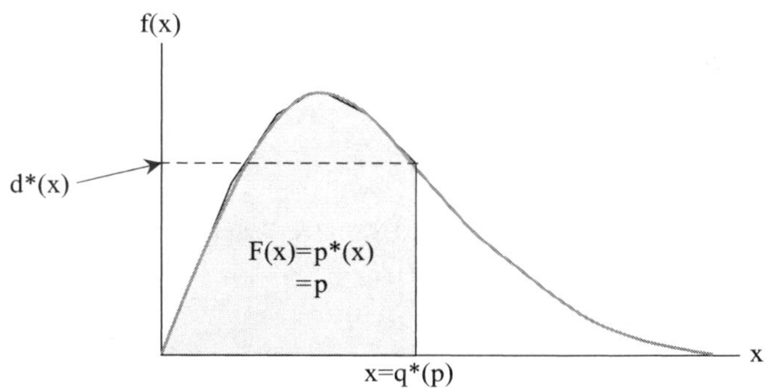

분포 이름	R 함수	모수
beta	beta	shape1, shape2
binomial	binom	size, prob
Cauchy	cauchy	location, scale
chi-squared	chisq	df, ncp
exponential	exp	rate
F	f	df1, df2
gamma	gamma	shape, scale
geometric	geom	prob
hypergeometric	hyper	m, n, k
log-normal	lnorm	meanlog, sdlog
logistic	logis	location, scale
negative binomial	nbinom	size, prob
normal	norm	mean, sd
Poisson	pois	lambda
Student's t	t	df, ncp
uniform	unif	min, max
Weibull	weibull	shape, scale
Wilcoxon	wilcox	m, n

예제

```
> rpois(n=5,lambda=3) #평균모수 3인 포아송(Poi(3)) 데이터 5개 난수 생성
[1] 2 2 1 1 3
> dpois(1,3) #P(X=1 | X~Poi(3))
[1] 0.1493612
> ppois(1,3) #P(X<=1 | X~Poi(3))
[1] 0.1991483
> qpois(0.1991482,3) #P(X<=q)=0.1991483
```

```
> dnorm(50,50,10) #P(X=50 | X~N(50,10))
[1] 0.03989423
> pnorm(50,50,10) #P(X<=50 | X~N(50,10))
[1] 0.5
> qnorm(0.5,50,10) #P(X<=q)=0.5 중위값
[1] 50
```

기타함수(miscellaneous)

함수	기능
seq(s, e, b)	정수 s부터 e까지 b씩 증가

(예제)

```
> seq(1,10,2) #1에서 2씩 증가하여 10까지 숫자
[1] 1 3 5 7 9
```

함수	기능
rep(a:b, r) rep(a, r)	정수 a부터 b까지 r 반복 정수 a를 r 반복

함수	기능
(예제)	

```
> rep(1:5,2) #구간정수 반복
 [1] 1 2 3 4 5 1 2 3 4 5
> rep(3,2) #한 값 반복
[1] 3 3
```

PLOT() 함수

plot(x, y, main='', sub='', xlim=c(a, b), ylab='', type= '')			산점도 그리기
X	x-축 변수 지정		
Y	y-축 변수 지정		
main=	그래프 제목		
sub=	그래프 아래 제목		
xlim=	x-축 좌표 눈금 지정, y축은 ylim		
ylab=	y-축 제목 지정, x-축은 xlab		
type=	p	관측값 점을 ○으로 표현	
	l	라인으로 그리기 ——	
	b	점과 라인 모두 그리기 ——o——	
	c	점선으로 그리기 ---	
	o	선과 점을 동시에 그리기 —o—	
	h	히스토그램을 선으로 형태	
	s	계산 형식의 히스토그램	
	n	그래프 사용하지 않음	

예제

```
x=seq(0,10,1) #x=0,1,2,...,10
plot(x,dpois(x,3), main='포아송확률밀도함수',
     sub='Poi(lambda=3)', xlim=c(0, 10), ylab='p(x)', type='h')
```

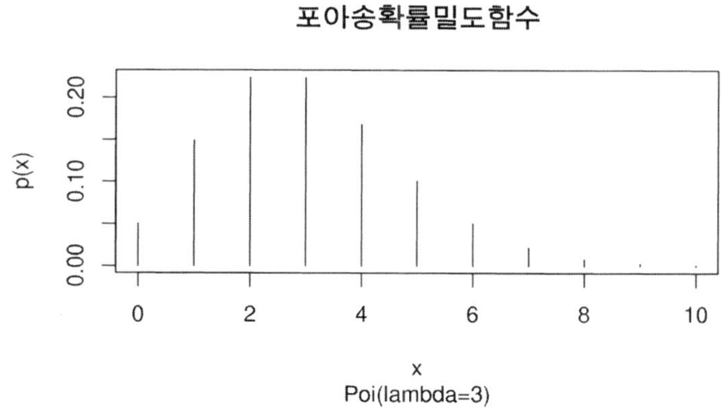

예제

```
x=seq(-3,3,0.1) #x=-3,-2.9,...,2.9,3
plot(x,dnorm(x,0,1), main='표준정규 확률밀도함수',
     sub='N(0,1)', xlim=c(-3, 3), ylab='p(x)', type='l')
```

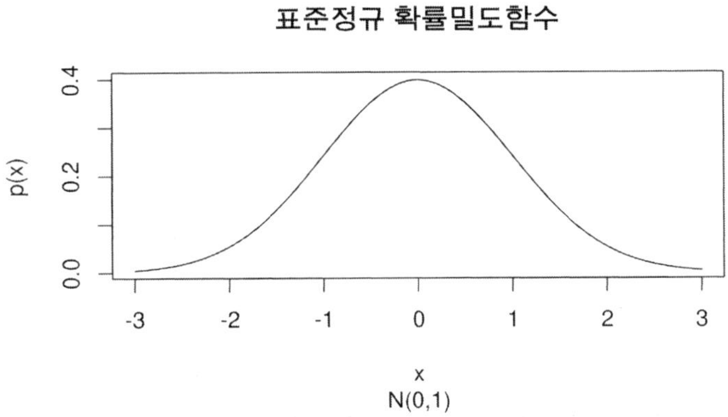

1.5.5 연산자

연산자(operator)는 스칼라(실수), 벡터, 행렬, 데이터 오브젝트의 계산을 위한 명령어이다.

수학 연산자(arithmetic operator)

함수	기능
+, −, *, /	사칙 연산
(예제)	> x=3;y=2 > x+10*y;(x+10)*y;x/y [1] 23 [1] 26 [1] 1.5
**, ^	승수 연산
(예제)	> 4^0.5; 4**0.5 [1] 2 [1] 2
%%	나머지
%/%	나눈 몫
(예제)	> x=7;y=3 > x%%y;x%/%y [1] 1 [1] 2

논리 연산자(logical operator)

함수	기능	
<, <=, >, >=	조건에서 양변의 크기 대소	
==	조건에서 양변 동일, =은 오브젝트 지정에 사용	
!=	조건에서 양변 다름	
|, &	or 양 조건 중 하나 참, and 두 조건 모두 참	
isTRUE(x)	X의 논리 참 여부 참이면 TRUE, 거짓이면 FALSE의 값을 저장	> isTRUE(3>2);isTRUE(3==2) [1] TRUE [1] FALSE > isTRUE((3>2)|(3==2)) [1] TRUE > isTRUE((3>2)&(3==2)) [1] FALSE

1.5.6 제어문

R은 라인 명령문 왼쪽에서 오른쪽으로, 위에서 아래로 순서대로 실행된다. 이를 제어하는 문장을 제어문(control statement)이라 한다.

FOR 문장

for(변수 in 연속) {문장}	연속에 지정된 값만큼 변수값이 변화하면서 '문장'을 반복 실행한다.

For() 예제

```
for(k in 1:3){      [1] 5
  print(3*k+2)      [1] 8
}                   [1] 11
```

▶ 함수 print()는 () 괄호 안 결과를 화면 출력한다.

▶ 변수 k=1, 2, 3이 순차적으로 증가되면서 {} 문장이 반복된다.

```
> x=seq(1,9,2)
> for(k in length(x):1){print(k)}
[1] 5
[1] 4
[1] 3
[1] 2
[1] 1
```

▶ 함수 length()는 괄호 안의 데이터 크기

▶ in에서 앞의 숫자가 더 큰 경우에는 순차적으로 감소한다.

WHILE 문장

while(조건) {문장}	조건이 만족하는 동안 문장 반복이 실행된다.

while() 예제

```
> k=0
> while(k<=3){print(k);k=k+1}
[1] 0
[1] 1
[1] 2
[1] 3
```

- 값이 설정되지 않으면 R 내부 초기값은 0이나 실제 존재하지 않는다. 그러므로 k=0 설정하지 않으면 0은 출력되지 않는다. 그리고 while() 문이 실행 된 후에는 k가 이미 3이 저장되어 다시 while() 문을 실행하면 출력결과는 없다.
- k=k+1은 k의 값을 1씩 증가시킨다.
- k가 3이 되는 순간까지 반복 실행한다.

IF-ELSE 문장

if (조건) {문장}	조건이 만족하면 문장이 실행된다.

if-else() 예제

```
for(k in 1:10){
  if(k%%2==0){cat(k,'짝수 \n')}
}
```

```
> for(k in 1:10){
+    if(k%%2==0){cat(k,'짝수 \n')}
+ }
2 짝수
4 짝수
6 짝수
8 짝수
10 짝수
```

- 'k%%2'는 k값을 2로 나누었을 때 나머지 값
- 값 k의 2로 나눈 나머지가 0인 경우 k값을 출력하게 된다. "\n" 출력결과 라인(행) 나누기 설정이다.
- 함수 cat()은 print()와 유사하게 화면 출력 기능, 오브젝트 뿐 아니라 문자도 출력 가능하다.
- 왼쪽은 스크립트 문장이고 오른쪽은 콘솔 실행 결과이다. 스크립트 문에서는 코딩 중 enter를 사용하면 다음 라인으로 이동하고 아무 표식이 없으나 콘솔에서 코딩이 완료되지 않았다면 + 표시되어 코딩 중임을 알려준다.

if-else() 예제 2

```
for(k in 1:10){
  if(k%%2==0){cat(k,'짝수 \n')}
  else{cat(k,'홀수 \b')}
}
```

```
> for(k in 1:10){
+   if(k%%2==0){cat(k,'짝수 \n')}
+   else{cat(k,'홀수 \b')}
+ }
1 홀수2 짝수
3 홀수4 짝수
5 홀수6 짝수
```

▶ if (조건) {문장1} else {문장2}; 괄호() 안의 조건이 만족되면 문장1, 그렇지 않으면 문장2을 실행한다.
▶ '\n'은 출력 시 라인 바뀜 '\b'는 탭 이동 기능이다.

1.5.7 스크립트

콘솔에서는 라인 타입 명령문 입력과 실행으로 작동하여 Enter 키를 입력하지 않는 한 라인에 작업한 내용은 실행되지 않는다. 그러므로 상이한 명령문을 연속하여 동일 라인에 입력하고자 하면 명령문 사이에 세미콜론(;)을 사용하면 된다.

```
Console  Terminal ×  Jobs ×
R 4.2.0 · /cloud/project/
> sqrt(3) #enter key
[1] 1.732051
> sqrt(3);3+2 #enter key
[1] 1.732051
[1] 5
```

명령문 길이가 길어 한 라인에 들어가기 못하는 경우(Enter 키를 치기 전까지는 하나의 명령문으로 R은 인지하고 있음), 명령어 중간에서 Enter 키를 치면 커서는 다음 라인에 위치하고, > 대신 플러스(+) 사인이 라인 첫 머리에 나타난다.

```
Console  Terminal ×  Jobs ×
R 4.2.0 · /cloud/project/
> if(3>2) #enter
+ {print('참')} #enter
[1] "참"
```

이전 라인 명령문을 재실행하려면 방향 키 ↑, ↓을 사용하면 된다. 라인 에디터 작업 환경은 다소 불편하므로 다수의 라인 명령어들을 동시에 실행하거나 원하는 함수를 만들기, 작업에 필요한 프로그램 작업을 위해서는 스크립트(script)를 활용하는 것이 좋다. 다음 그림 중 왼쪽은 스크립트이고 오른쪽은 스크립트 실행 결과를 보여주는 콘솔이다.

```
if(3>2){
  print(isTRUE(3>2))
}
```

```
> if(3>2){
+   print(isTRUE(3>2))
+ }
[1] TRUE
```

스크립트 작업이 끝나면 스크립트를 저장하여 다시 불러 사용하면 된다. 저장할 때는 R을 확장자(RStudio에서는 자동으로 부여된다)로 사용하는 것이 적절하다.

스크립트에 작성된 프로그램은 라인별로 실행할 수도 있으며 전체 프로그램을 한 번에 실행할 수도 있다. 실행된 명령문은 콘솔에 명령문과 함께 결과가 출력된다.

- **라인별 실행**: 커서를 명령문 라인 아무 곳에나 놓고 Ctrl+R을 치면 라인 명령문이 실행되어 콘솔에 명령문과 결과가 출력되고 커서는 다음 라인 명령문으로 이동한다. 커서가 마지막 라인에 있으면 더 이상 아래로 이동하지 않는다.
- **전체 스크립트 실행**: 아무 곳에나 놓고 Ctrl+A를 입력하면 스크립트 명령문 전체가 선택된다. Ctrl+R을 치면 스크립트 전체가 실행되어 콘솔에 나타난다. 스크립트 일부만 선택하고 싶으면 마우스로 실행 원하는 부분을 선택한 후 Ctrl+R을 치면 된다. 스크립트에서 명령문을 실행하지 않으려면 명령문 제일 앞에 '#' 표시를 하여 실행되지 않도록 한다. 이를 주석문(comment statement)이라 한다.

스크립트 예제

```
#예제 스크립트
x=c(10,13,20,27,33);x
lnx=log(x);lnx
mean(lnx);quantile(lnx)
```

▶ 라인별로 실행해 보자.

▶ 전체 실행해 보자.

(▶ 콘솔 내용)

```
> #예제 스크립트
> x=c(10,13,20,27,33);x
[1] 10 13 20 27 33
> lnx=log(x);lnx
[1] 2.302585 2.564949 2.995732 3.295837 3.496508
> mean(lnx);quantile(lnx)
[1] 2.931122
      0%      25%      50%      75%     100%
2.302585 2.564949 2.995732 3.295837 3.496508
```

스크립트 예제 2

```
# Program to check if the input number is prime or not
num = 95 # input number
flag = 0
# prime numbers are greater than 1
if(num > 1) {
  flag = 1
  for(i in 2:(num-1)) {
    if ((num %% i) == 0) {
      flag = 0
      break
    }
  }
}
if(num == 2){flag = 1}

if(flag == 1) {
  print(paste(num,"is a prime number"))
} else {
  print(paste(num,"is not a prime number"))
}
```

▶ 전체 실행하면 아래 결과가 콘솔 화면에 나타난다. 입력한 95는 소수 prime number가 아니다.

```
+   print(paste(num,"is a prime number"))
+ } else {
+   print(paste(num,"is not a prime number"))
+ }
[1] "95 is not a prime number"
```

1.6 알아두기

1.6.1. Greek 문자

다음은 통계학에서 기호로 자주 사용되는 Greek 문자와 그의 발음표이다.

소문자	α	β	γ	δ	ε	ζ	η	θ
대문자	A	B	Γ	Δ	E	Z	H	Θ
발음	alpha	beta	gamma	delta	epsilon	zeta	eta	theta

소문자	ι	κ	χ	λ	μ	ν	ξ	ο
대문자	Ι	Κ	Χ	Λ	Μ	Ν	Ξ	Ο
발음	iota	kappa	chi	lambda	mu	nu	xi(ksi)	omicron
소문자	π	ρ	σ	τ	υ	φ	ψ	ω
대문자	Π	Ρ	Σ	Τ	Υ	Φ	Ψ	Ω
발음	pi	rho	sigma	tau	upsilon	phi	psi	omega

1.6.2. 특수한 상수

기호	읽기	내용
π	파이, pi	원주율, 3.1415926535…

(예제)

```
> pi
[1] 3.141593
```

기호	읽기	내용
exp(x), e^x	지수 exponential	$e = 2.71828...$, $e^2 = e \times e$, $e = \lim_{n\to\infty}\left(1+\frac{1}{n}\right)^n$

(예제)

```
> exp(1);exp(2)
[1] 2.718282
[1] 7.389056

> n=seq(0,100,10);n
 [1]   0  10  20  30  40  50  60  70  80  90 100
> (1+1/n)^n
 [1] 1.000000 2.593742 2.653298 2.674319 2.685064
 [9] 2.701485 2.703332 2.704814
```

(n=100이 되면 2.705로 exp(1) 값 2.718과 많이 가까워진다.)

기호	읽기	내용
$\log_a(x)$	로그 a x	밑이 (base) a, 승수가 (power) x인 로그 $x = a^y \Leftrightarrow y = \log_a(x)$

(예제)

```
> z=log2(3);z
[1] 1.584963
> 2^z
[1] 3
```

기호	읽기	내용
log(x) ln(x)	상용로그 x 자연로그 x	Common log, 밑이 10 Natural log, 밑이 e

(예제)

```
> log(10) #자연로그 밑=e, 2.718
[1] 2.302585
> log10(10) #사용로그
[1] 1
```

기호	읽기	내용
$\sqrt{x} = x^{1/2}$ $\sqrt[k]{x} = x^{1/k}$	제곱근 k 제곱근	제곱할 때 x인 값 k 제곱하여 x인 값

기호	읽기	내용
(예제)	> v=3^(1/3);v [1] 1.44225 > v^3 [1] 3	

감마함수

n이 정수인 경우 감마함수(gamma function)는 다음과 같이 정의된다.

$$\Gamma(n) = \int_0^\infty x^{n-1} e^{-x} dx = (n-1)!$$

(특수한 값)

- $\Gamma(5) = 4! = 24$, $\Gamma(2) = 1$, $\Gamma(1) = 0! = 1$
- $\Gamma\left(\frac{1}{2}\right) = \sqrt{\pi} = 1.77245...$, $\Gamma(n+\frac{1}{2}) = \binom{n-0.5}{n} n!\sqrt{\pi}$
- $\Gamma\left(\frac{1}{3}\right) = 2.67893...$
- $\Gamma\left(\frac{1}{4}\right) = 3.62560...$

```
> gamma(5)
[1] 24
> gamma(0.5);pi^0.5
[1] 1.772454
[1] 1.772454
> gamma(1/3);gamma(1/4)
[1] 2.678939
[1] 3.62561
```

조합과 순열

순열(permutation)은 서로 다른 n개의 개체 중 r개를 뽑아 순서대로 정렬하는 경우의 수이다.

$$P(n,r) = n\Pr = \frac{n!}{(n-r)!}$$

조합(combination)은 서로 다른 n개의 개체 중 r개를 뽑는 경우의 수이다.

$$C(n,r) = nCr = \frac{n!}{(n-r)!r!}$$

순열, 조합

1 1~9까지의 숫자로 서로 다른 세 자리 숫자를 만들 수 있는 경우의 수를 구하시오.

2 다섯 명의 입사 지원자 중 두 명을 임의 선발할 때 선발될 수 있는 가지 수를 구하시오.

3 일곱 명의 입사 지원자 중 여자 세 명, 남자 네 명이다. 여자에서 한 명, 남자에서 두 명을 선발할 때 만들어질 수 있는 경우의 수를 구하시오.

```
> 9*8*7
[1] 504
> choose(5,2)
[1] 10
> choose(3,1)*choose(4,2)
[1] 18
```

1.6.3 특수한 시리즈

이항 시리즈(binomial series)

$$(a+b)^n = {}_nC_0 a^n b^0 + {}_nC_1 a^{n-1} b^1 + {}_nC_2 a^{n-2} b^2 + \ldots + {}_nC_n a^0 b^n \text{, n은 정수}$$

참고 Pascal Triangle (파스칼 삼각형) 페이지 5 참고

특수한 경우

- $(1+x)^{-1} = 1 - x + x^2 - x^3 + x^4 + \ldots$
- $(1+x)^{-2} = 1 - 2x + 3x^2 - 4x^3 + 5x^4 + \ldots$

이항 시리즈

1 $(3x-2y)^7$ 의 전개식에서 x^4y^3 의 계수를 구하시오.

2 $(2x-9y)^{100}$ 의 전개식에서 $x^{45}y^{55}$ 의 계수를 R을 이용하여 구하시오. (이때, 함수는 choose()를 이용한다.)

```
> choose(100,45);choose(100,55)
[1] 6.144847e+28
[1] 6.144847e+28
```

지수함수 시리즈

- $e^x = 1 + x + \frac{x^2}{2!} + \frac{x^3}{3!} + ...$ (Taylor Series)
- $e^x = \lim_{n\to\infty}(1 + \frac{x}{n})^n$ 3장 참고
- $\ln(1+x) = x - \frac{x^2}{2} + \frac{x^3}{3} - \frac{x^4}{4} + \ldots, \quad -1 < x < 1$
- $a^x = e^{x\ln x} = 1 + x\ln a + \frac{(x\ln a)^2}{2!} + \frac{(x\ln a)^3}{3!} + ...$

지수함수 시리즈

1. e^{3x} 의 전개식을 구하자.
2. e^{x+2} 의 전개식을 구하자.
3. e^{x+2} 함수에서 x=3일 때 값을 구하자.

   전개식을 이용(for() 문을 이용하고 반복은 1,000번)하여 구하고 계산기에 의해 구한 값과 비교하자.

```
> exp(5) #e^5
[1] 148.4132
> (1+5/1000)^1000 #lim(1+x/n)^n
[1] 146.5756
> sum=1 #for 문 이용
> for(k in 1:100){
+   x=5^k/factorial(k)
+   sum=sum+x
+ }
> sum
[1] 148.4132
```

산술 시리즈(arithmetic sequence) 등차수열

$$a + (a+d) + (a+2d) + ... + (a+(n-1)d) = \frac{1}{2}n(2a+(n-1)d)$$

* a는 초기값(initial value), 증가값 d는 등차(equal difference value)라 정의한다.

특수한 경우

- $1+2+...+n=\frac{1}{2}n(n+1)$
- $1+3+5+..+(2n-1)=n^2$

등차수열

1. $3+6+9+...+99$ 합을 구하자.
2. $2+4+6+...+300$ 을 구하자.
3. 위의 결과를 R을 이용하여 나타내 보자.

```
> sum(seq(3,99,3))
[1] 1683
> sum(seq(2,300,2))
[1] 22650
```

기하 시리즈(geometric sequence) 등비수열

$$a+ar+ar^2+...+ar^{n-1}=\frac{a(1-r^n)}{(1-r)} \quad (\text{유한, Finite})$$

* a는 초기값(initial value), 증가 곱 r은 등비(equal difference)라 한다.

참고 $a+ar+ar^2+...=\frac{a}{(1-r)}$, (무한, infinite 단, $-1<r<1$)

등비수열

1. $3+9+27+...+177147$ 의 합을 구하자.
2. $1+0.5+0.25+0.125+...$ 을 구하자.
   for() 문을 이용하여 계산된 결과를 확인하자. 반복은 5,000번 하자.
3. $\frac{1}{2}+\frac{1}{6}+\frac{1}{18}+\frac{1}{54}+..$ 을 구하자.
   for() 문을 이용하여 계산된 결과를 확인하자. 반복은 5,000번 하자.

```
> 1/(1-0.5)
[1] 2
> sum=1
> for(k in 1:5000){
+   sum=sum+(0.5)^k
+ }
> sum
```

특수한 경우

- $1^2 + 2^2 + ... + n^2 = \dfrac{n(n+1)(2n+1)}{6}$
- $1^3 + 2^3 + ... + n^3 = \dfrac{n^2(n+1)^2}{4} = (1+2+...+n)^2$

Taylor 시리즈

함수 $f(x)$가 미분 가능하다면[3장 미분 참고] 임의의 상수 a에 대해 다음이 성립한다.

$$f(x) = f(a) + f'(a)(x-a) + \frac{f''(a)(x-a)^2}{2!} + \frac{f'''(a)(x-a)^3}{3!} + ...$$

만약 상수 a=0이면,

$$f(x) = f(0) + f'(0)x + \frac{f''(0)x^2}{2!} + \frac{f'''(0)x^3}{3!} + ... \quad \text{(Maclaurin 시리즈)}$$

Talor 시리즈 활용

1 $\sqrt[3]{8.2}$ 의 값을 구하시오.

정확한 값은 2.01653이다. (계산기 활용)

계산기가 없다면 $f(x)=x^{(1/3)}$, a=8(왜냐하면 $8^{1/3}=2$ 쉽게 계산)으로 Taylor 시리즈에 의해 근사값을 구하면 된다. $f'(x) = 1/3x^{-2/3}$[3장 참고]

$$f(8) \approx f(8) + f'(8)*(8.2-8) = 2 + (1/12)*0.2 = 2.01667$$

1.6.4 확률변수

통계학은 관심의 대상(모집단)으로부터 데이터를 수집(실험하거나 조사)하여 그 데이터를 분석하여 정보(information)를 얻는 데 관련된 학문이다.

데이터
키: 180, 165, 183, …
바이러스 수: 103, 202, 113, …
흡연 유무: 흡연, 비흡연, 비흡연, …

데이터는 변수(특성: 키, 바이러스 수, 흡연 유무)와 개체에 대한 각 특성의 측정값(관측값)으로 구성되어 있으며 관측값은 $x_1, x_2, ..., x_n$ 로 표시한다. n은 데이터 크기(개수)이고, 이것을 표본의 크기라 한다. 키의 경우 $x_1=180$, $x_2=165, ...$이고 흡연 유무는 $x_1=1$, $x_2=0, ...$ (흡연=1, 비흡연=0)로 나타내게 된다.

표본공간(sample space)

실험 결과를 예측할 수 없는 실험을 확률실험(random experiment)이라 한다. 주사위를 던지는 실험이 확률실험이다. 확률실험이나 조사에서 발생 가능한 모든 결과들의 모임을 표본공간이라 한다. 기호는 일반적으로 S를 사용한다. $S=\{e_1, e_2, e_3, ...\}$ 로 나타내며 확률실험의 결과 e_i을 원소(element)라 한다.

표본공간

주사위 하나를 던지는 실험의 표본공간은? $S=\{1,2,3,4,5,6\}$

동전 두 개를 던지는 시험의 표본공간은? $S=\{TT,TH,HT,TT\}\}$

OO대학교 학생들의 키를 조사하는 관측조사에서 표본공간은?

$S=\{x: 50 \le x \le 250\}$

OO대학교 학생들의 흡연여부 관측조사에서 표본공간은? $S=\{Y,N\}$

표본공간

1. 두 개의 주사위를 던지는 확률실험의 표본공간을 적으시오.
2. OO 대학교 학생의 한 달 용돈 조사실험의 표본공간을 적으시오.
3. OO 대학교 학생들의 함께 거주하는 가족 수 조사실험의 표본공간을 적으시오.

확률변수 정의

통계학에서 확률변수(함수에서 x에 해당)의 측정값에 대한 기호로 아래 첨자 (subscript)를 사용하게 된다. 확률변수(random variable)는 표본공간(확률실험의 결과, 예를 들면 주사위를 던져서 나오는 눈금, 학생들의 IQ 값 혹은 출신고 지역)의 원소(결과값)와 실수값을 대응시키는 규칙이다. 각 원소에 대해서는 하나의 값만 대응시킨다. 확률 변수(의미는 측정값들이 계속 변하기 때문이다)는 실험(조사) 결과를 숫자로 변환하는 역할을 한다. 기호는 주로 대문자 X, Y, Z, W, U, V ... 등을 사용한다.

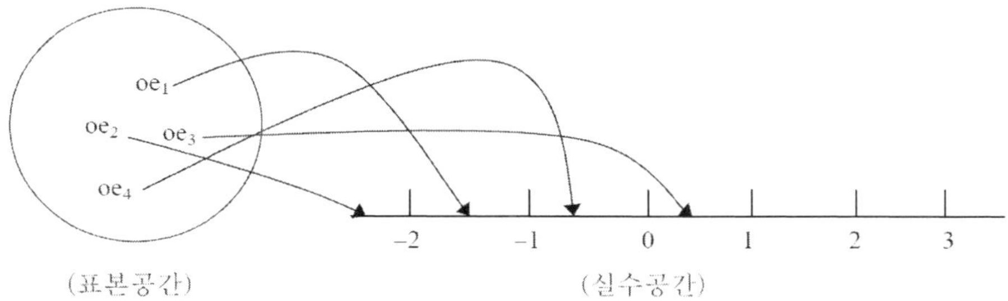

관측값 표현

다음은 학생 여덟 명의 통계학 점수이다.

(70, 50, 80, 40, 90, 90, 60, 80)

관측값을 첨자로 표현하면 $x_1 = 70$, $x_2 = 50$, ..., $x_8 = 80$

▷ 합과 곱 기호

- 합 기호 $\sum_{i=1}^{n} x_i = x_1 + x_2 + \ldots + x_n$
- 곱 기호 $\prod_{i=1}^{n} x_i = x_1 \cdot x_2 \cdot \ldots \cdot x_n$

합 기호 활용

$x_i = i$, ($i = 0,1,2,...,10$)인 경우 다음을 구하시오.

(1) $\sum_{i=1}^{3} 5i =$

(2) $\sum_{k=1}^{3} (3k+1) =$

(3) $\sum_{i=1}^{2}\sum_{k=1}^{3}(k+i)=$

(4) $\sum_{i=1}^{2}\sum_{k=1}^{3}(k+3)=$

(5) $\sum_{i=1}^{2}\sum_{k=1}^{3}(i+3)=$

(6) $\sum_{j=0}^{3}(x_j+x_{j+1})=$

(7) $\sum_{j=0}^{2}(x_j x_{j+1})=$

(8) $\sum_{j=0}^{3}2x_{j+2}=$

곱 기호 활용

$x_i = i$, ($i=0,1,2,...,10$)인 경우 다음을 구하시오.

(1) $\prod_{i=1}^{3}(i+1)^2=$

(2) $\prod_{i=1}^{3}(i+1)^i=$

(3) $\prod_{i=0}^{10}x_i=$

(4) $\prod_{i=3}^{5}x_i^2=$

(5) $\prod_{i=1}^{3}ix_i=$

(6) $\prod_{i=9}^{10}x_{i+2}x_i=$

▷ **평균, 분산 공식**

확률변수 n개의 관측값을 $(x_1,\ x_2,\ \dots,\ x_n)$이라 하면, 평균(mean)과 분산(variance) 공식은 다음과 같다. 분산의 양의 제곱근(square root)을 표준편차(standard deviation)라 한다.

- 평균 $\mu = E(X) = \bar{X} = \dfrac{\sum_{i=1}^{n} x_i}{n} = \sum_{i=1}^{n} x_i / n$

- 분산 $\sigma^2 = V(X) = \dfrac{\sum_{i=1}^{n}(x_i - \mu)^2}{n}$, $s^2 = V(X) = \dfrac{\sum_{i=1}^{n}(x_i - \bar{x})^2}{n-1}$

(분산 간편식) $\sigma^2 = \dfrac{\sum x_i^2}{n} - \bar{x}^2$, $s^2 = \dfrac{\sum x_i^2}{n-1} - \dfrac{n}{n-1}\bar{x}^2$

- 표준편차 $\sigma = \sqrt{\sigma^2}$, $s = \sqrt{s^2}$

평균과 표준편차 계산

다음은 학생 일곱 명의 통계학 점수이다.

(70, 50, 80, 40, 90, 90, 60, 80)

(평균) $\bar{x} = \dfrac{\sum x_i}{n} = \dfrac{(70 + 50 + \ldots + 80)}{8} = 70$

(분산) $\sum x_i^2 = (70^2 + 50^2 + \ldots + 80^2)$
$= 41,600$

$s^2 = \dfrac{\sum x_i^2 - n\bar{x}^2}{n-1} = \dfrac{41,600 - 8 * 70^2}{7}$
$= 342.86$

```
> ds=c(70, 50, 80, 40, 90, 90, 60, 80)
> mean(ds);sd(ds);var(ds)
[1] 70
[1] 18.5164
[1] 342.8571
> sum(ds^2)
[1] 41600
```

평균과 표준편차

1 분산 간편식을 증명하자.

2 일곱 명의 키를 조사한 데이터이다.

(170, 180, 165, 190, 178, 162, 175)

학생 키의 평균과 표준편차를 구하자.

연습문제

1 이항전개 이용

(1) $(2a-5b)^{20}$ 을 전개했을 때 a^5b^{15} 의 계수값은 얼마인가?

(2) $(3-2x)^{12}$ 을 전개했을 때 x^7 의 계수값은 얼마인가?

2 근사값 구하기

$e^x = \lim_{n\to\infty}\left(1+\frac{x}{n}\right)^n$ 이다. $x=0.5$ 인 경우 참값은 $e^{-0.5}=0.6065307$ 이다. n 값이 어느 정도 되어야 근사해 지는가?

3 근사값 구하기

$(1+x)^{-1}=1-x+x^2-x^3+x^4+\ldots$ 근사 시리즈이다. $x=0.5$인 경우 참값은 $(1+0.5)^{-1}$ $=0.66667$ 이다. 우측 근사값과 참값과 유사함을 보이자. 함수 for()를 이용하자.

4 합 구하기

(1) $1+4+7+10+\ldots+1000$ 의 합을 구하자.

(2) $1-\frac{1}{3}+\frac{1}{9}-\frac{1}{27}+\ldots$ 의 합을 구하자.

(3) $1+\frac{1}{2^2}+\frac{1}{3^2}+\frac{1}{4^2}+\ldots$ 의 합을 구하자.

Chapter

02

함수

2.1 좌표와 직선방정식
2.2 함수와 그래프
2.3 절대값
2.4 극한

x	$y=x^2$
-2	4
-1	1
0	0
1	1
2	2

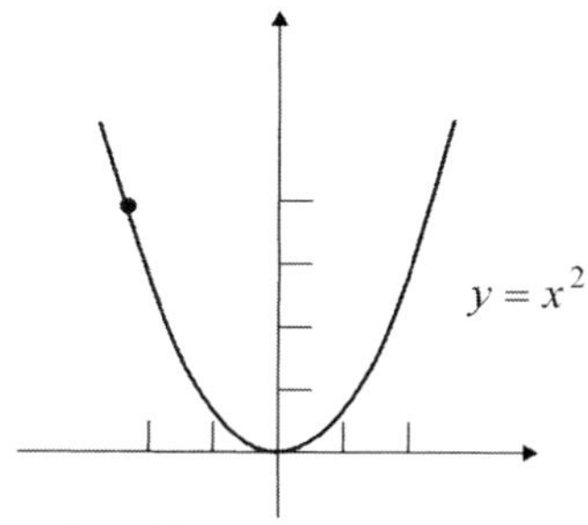

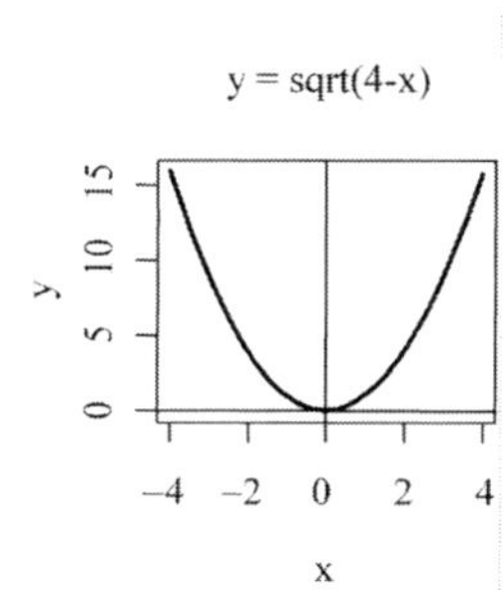

"Calculus is the mathematics of motion and change."

운동과 변화의 수학인 선형대수(Calculus)는 함수의 순간 변화율(기울기)에 대한 미분(differentiation), 함수의 특정 구간의 면적의 합에 관한 적분(integral)과 함수의 수렴값에 대한 극한(limiting value)에 관해 다루게 된다.

선형대수는 17세기 과학자들의 수학적 요구에 의해 시작되었다. 천문학자 Johannes Kepler(1971~1630)는 20년 간의 천문 관측을 통해 다음 사실을 알아내었다. (1) 행성 궤도는 타원이다. (2) 같은 시간 동안 움직인 면적(삼각형 면적)은 같다. (3) 행성의 주기를 T, 궤도의 반지름(semi major)의 길이를 a라 하면 T^2/a^3는 일정하다. 그러나 이 사실은 선형대수에 의하면 반나절이면 알아낼 수 있다. 이처럼 과학의 필요에 의해 선형 대수는 태동되었고 발전하게 되었다.

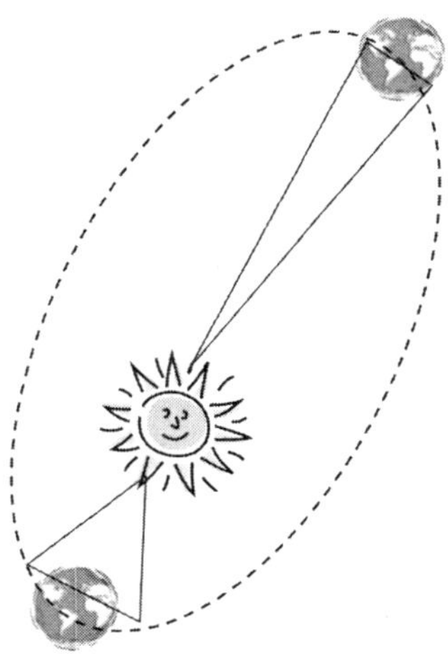

2.1 좌표와 직선방정식

2.1.1 좌표와 사분면

평면(이차원 공간)에 있는 모든 점들은 숫자 좌표(numerical coordinate)에 의해 표현되며 평면의 점들의 모임인 선이나 곡선은 좌표방정식(coordinate equation)에 의해 표현된다. 이차원 공간(평면)의 점들을 표시하기 위하여 x-축(x-axis)이라는 수평선(horizontal)과 y-축(y-axis)이라는 수직선(vertical)이 그려져 있고 두 직선은 원점(origin)에서 직각으로 만난다. 원점을 기준으로 x축에서 a만큼, y축에서 b만큼 떨어진 점의 좌표는 (a, b)이다. 이를 데카르트 좌표(Cartesian Coordinate, Rene Descartes)라 정의한다. 좌표 a, b는 실수(real number)이다.

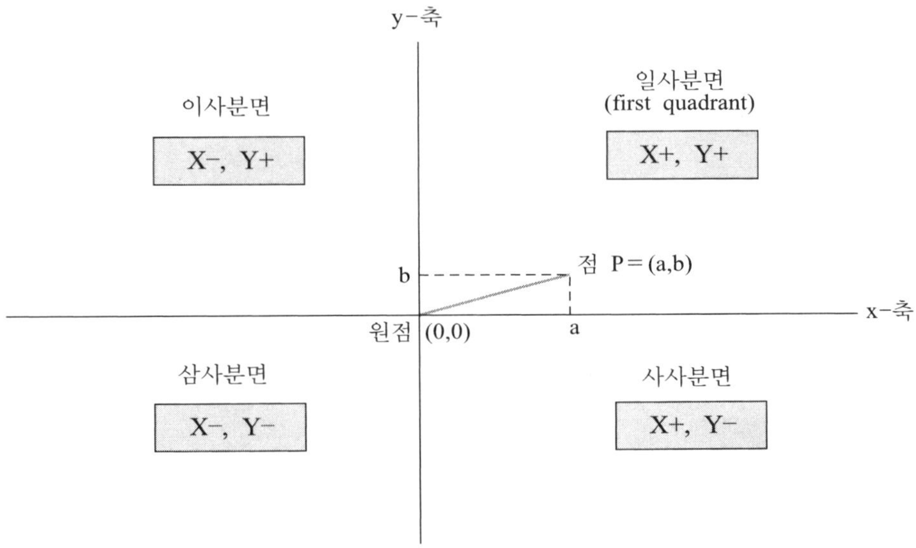

2.1.2 직선과 증가

두 점을 가장 가까운 거리로 연결할 때 만들어지는 선을 직선이라 line 한다. 직선 위의 점은 무수히 많이 존재한다. 두 점의 증가는 increment 두 점의 순변화를 net change 의미하며, 좌표 $P=(x_1, y_1)$ 로부터 $Q=(x_2, y_2)$ 까지 움직였을 때 좌표의 증가는 $\Delta x=(x_2-x_1)$, $\Delta y=(y_2-y_1)$ 이다. 증가의 부호와 크기는 두 대응 좌표의 크기가 결정한다.

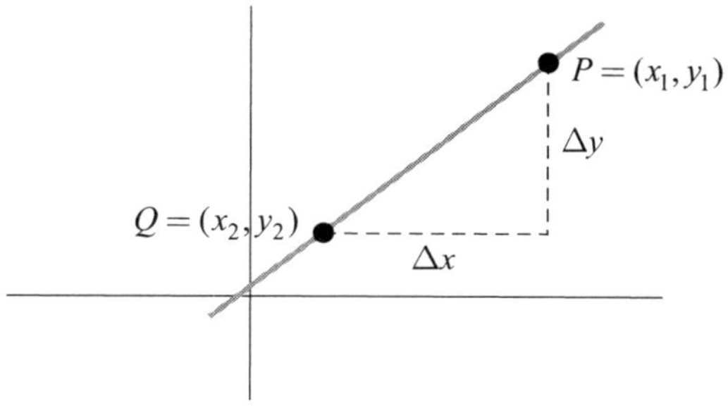

2.1.3 기울기

수직선, 수평선이 아닌 직선의 기울기(slope)는 $m=\dfrac{rise}{run}=\dfrac{\Delta y}{\Delta x}=\dfrac{y_1-y_2}{x_1-x_2}$라 정의한다. 직선의 기울기는 선 상 어느 좌표에서나 동일하다. 그러므로 점 P에서나 Q에서나 기울기는 동일하다.

수평선의 기울기는 0(rise = 0)이고, 수직선의 기울기는 무한대(infinity, ∞)이나 정의되지 않는다.

2.1.4 거리

좌표에서 두 점 $P=(x_1,y_1)$, $Q=(x_2,y_2)$ 사이의 거리(distance)는 다음과 같이 정의한다. 이를 Euclidean 거리라 한다.

$$|PQ|=\sqrt{(x_1-x_2)^2+(y_1-y_2)^2}$$

기울기, 거리

좌표에서 임의의 두 점 $P=(-1,2)$, $Q=(1,0)$을 지나는 직선의 기울기와 두 점 사이의 거리를 구하자.

- 기울기 $m=\dfrac{0-2}{1-(-1)}=1$
- 거리 $|PQ|=\sqrt{(1-(-1))^2+(0-2)^2}=\sqrt{8}$

2.1.5 경사각

직선의 경사각(angle of inclination)은 다음과 같이 정의된다. 이 직선의 기울기 $m=\tan(\theta)$이다.

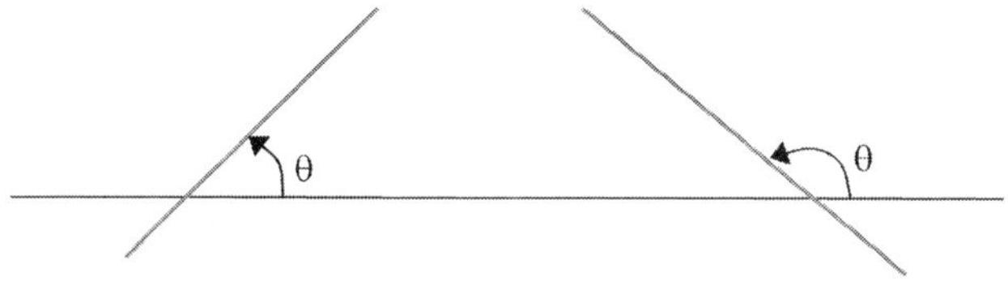

2.1.6 평행과 수직

두 직선의 기울기가 동일하면 두 직선은 서로 평행(parallel)이라 한다. 반면, 두 직선의 기울기의 곱이 –1이면 두 직선은 서로 수직(perpendicular)이라 한다.

직선 L1과 L2는 평행이고, 직선 L3는 직선 L1, L2와 수직이다. 직선 L1의 기울기는 h/a 이므로 직선 L1의 기울기는 h/a, 직선 L3의 기울기는 $-a/h$ 이다.

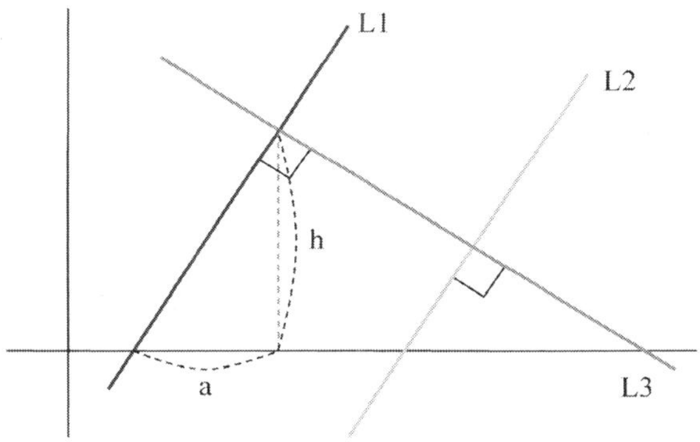

2.1.7 직선방정식

definition 직선방정식

직선방정식(linear equation)은 직선의 모든 점의 좌표에 의해 만족되고 직선 이외의 점 좌표에서는 만족하지 않는다. 직선방정식은 y-축과 만나는 절편과 증가량으로 이루어지며 $y = a + bx$ 로 표현된다. 상수 a는 절편(intercept), 상수 b는 기울기(slope)라 한다.

기울기 b=0인 직선 y=a는 수평선(vertical line)이라 하며, x-축과 평행이고 y-축에는 a을 지난다.

y-축과 평행인 직선 x=c는 x-축과는 c에서 만난다.

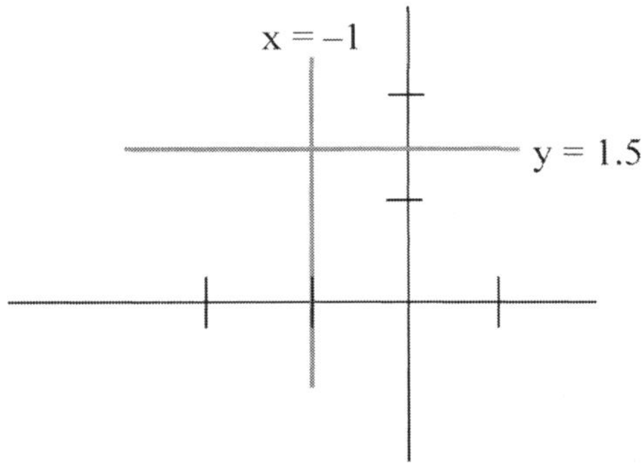

➲ 직선방정식 그래프 그리기

(1) x＝0일 때 y값을 구한다. 즉 절편 a를 구한다.

(2) y＝ 0일 때 x값을 구한다.

(3) 두 좌표를 이으면 직선방정식 그래프가 완성된다.

➲ 점-기울기 방정식

직선의 기울기가 m이고 절편이 a인 직선방정식은 $y=a+mx$이다.

직선 그래프 그리기

$y=3+2x$ 그래프를 그리자.

• **수작업** (1) x＝0일 때 값 y＝3 (절편) ⇨ 좌표 (0, 3)

(2) y＝0일 때 x＝－3/2 ⇨ 좌표 (－1.5, 0)

```
x=seq(-5,5,0.1)
y=3+2*x
plot(y~x,type='l',main='y=3+2x',col='blue')
abline(0,0,v=0)
```

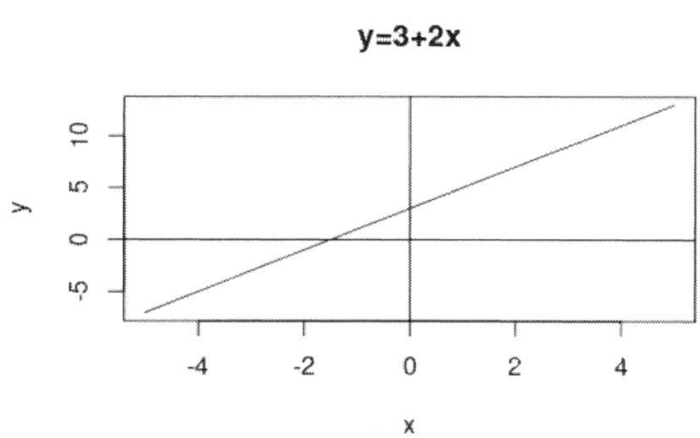

그래프 저장 방법

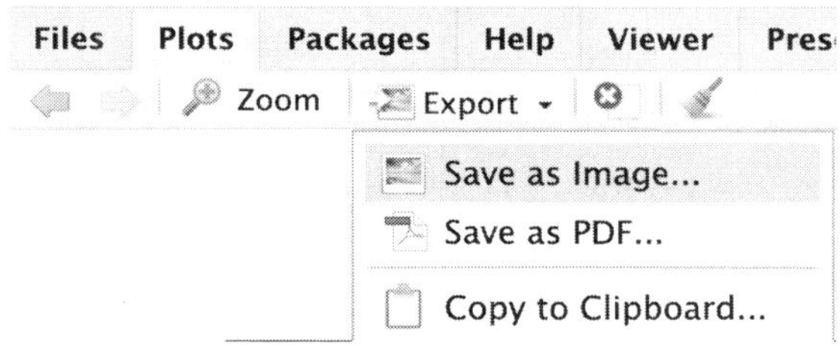

오른쪽 아래 창에서 Plots 탭의 Export 클릭하여 팝업 메뉴가 나타나면 원하는 옵션을 선택하여 이미지, pdf로 저장하거나 클립보드에 복사한다.

직선방정식

$8x + 5y = 20$ 의 기울기와 절편을 구하자.

$5y = -8x + 20 \Rightarrow y = -\frac{8}{5}x + 4$, 그러므로 기울기는 $-\frac{8}{5}$ 이고 절편은 4이다.

점-기울기 방정식

직선의 기울기가 m이고 직선의 한 좌표가 (x_1, y_1) 이면, 직선의 방정식은 $y - y_1 = m(x - x_1)$ 이다.

직선방정식

기울기 –3/2이고 직선이 좌표 (2,3)을 지날 때 직선방정식을 구하자.

$y - 3 = -\frac{3}{2}(x - 2)$, 이를 정리하면 $y = -\frac{3}{2}x + 6$ 이다.

점-점 방정식

(1) 두 점을 이용하여 기울기를 구한다.

(2) 기울기와 한 점을 이용해 직선방정식을 구한다.

직선방정식

두 점 (–2, –1), (3, 4)가 지나는 직선의 방정식을 구하자.

- 기울기 $m = \dfrac{-1-4}{-2-3} = 1$
- 점-기울기 $y-4 = 1(x-3)$, 정리하면 $y = x+1$

직선방정식

1 기울기가 m이고 점 P를 통과하는 직선방정식을 구하자.

① $P=(-1,1), m=1$

② $P=(-2,2), m=1/2$

③ $P=(0,b), m=2$

④ $P=(a,0), m=-2$

2 두 점 P, Q를 통과하는 직선방정식을 구하자.

① $P=(1,1), Q=(2,1)$

② $P=(-2,0), Q=(-2,-2)$

③ $P=(0,0), Q=(2,3)$

④ $P=(-2,1), Q=(2,-2)$

3 다음 직선의 그래프를 그리시오(R을 이용하여 그리시오).

① $3x+4y=12$

② $x+2y=-4$

③ $\sqrt{2}x-\sqrt{3}y=\sqrt{6}$

④ $1.5x-y=-3$

4 $x+y=1$과 $2x+ky=3$은 수직이라 한다. k를 구하자.

5 $x+2y=3$와 $2x-3y=-1$의 교차점(intersection)과 $P=(1,2)$를 지나는 직선방정식을 구하자.

R에서 세 개의 그래프를 한 화면에 그리자.

직선방정식 응용 (1)

빛은 직선 $x+y=1$을 따라 들어와 지면에 들어온 각도대로 반사된다고 한다. 반사되는 빛의 경로에 대한 직선방정식을 구하자.

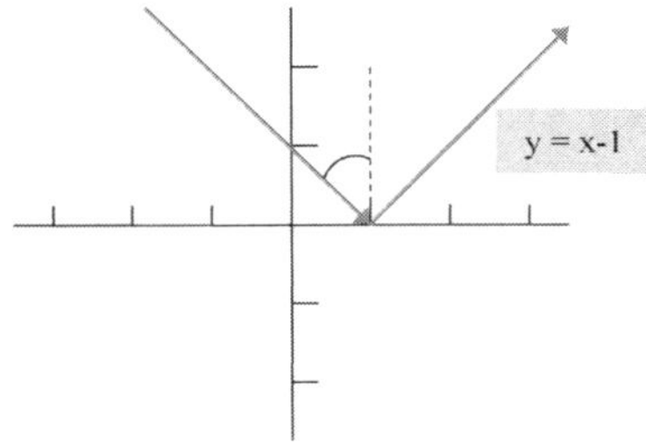

θ의 각도는 45°이고 두 직선은 수직이다. 그러므로 반사 직선방정식의 기울기는 1이다. 또한 (1,0)을 지나므로 반사되는 빛의 경로 직선방정식은 $y=x-1$이다.

직선방정식 응용 (2)

경사각이 10%인 도로가 있다. 지상에서 차가 출발하여 지상 기준으로 5 km 갔다. 지상으로부터 얼마 높이에 있는가?

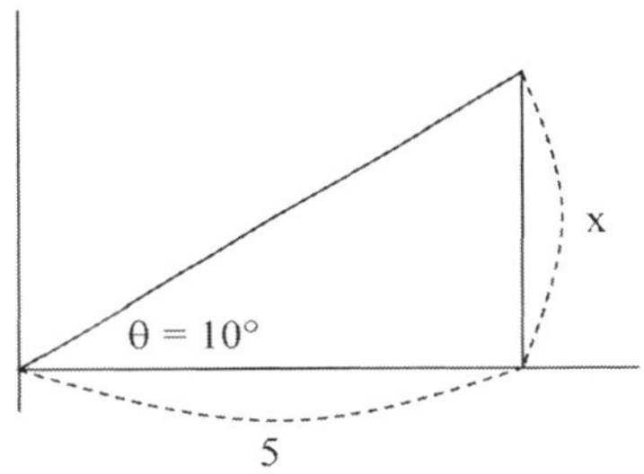

tan(10) = x/5이므로 x = 5tan(10) = 0.8816이다.

2.2 함수와 그래프

2.2.1 함수

definition 함수

x가 가질 수 있는 값의 집합인 정의역 혹은 영역(domain) 집합으로부터 치역 혹은 범위(range)인 y가 가질 수 있는 값의 집합으로의 함수(function)는 정의역 각 원소(값)에 단 하나(single)의 치역 원소(값)를 할당하는 규칙을 의미한다. $y=f(x)$라 쓰고 "y는 x의 함수이다(y is a function of x)"라고 읽는다.

하나(single)의 의미는 정의역값에는 치역의 값이 하나만 대응된다는 것이다. 아래 그림에서 치역의 값에는 두 개의 정의역값과 대응되어 있으나 정의역 원소(값)에서 보면 단 하나의 치역값과 대응되어 있다.

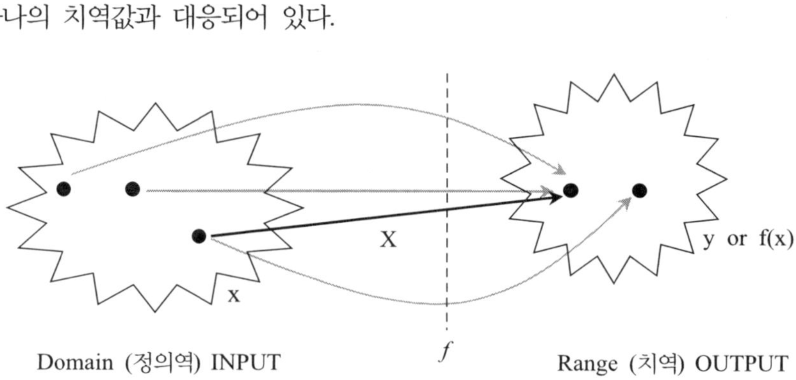

이처럼 정의역값에 단 하나의 치역값이 대응되는 모든 관계를 함수라 한다. 아래 그래프 중 (2)를 제외하고는 모두 함수로 정의된다. 함수 (2)는 하나의 x값에 두 개의 y값이 존재하기 때문이다.

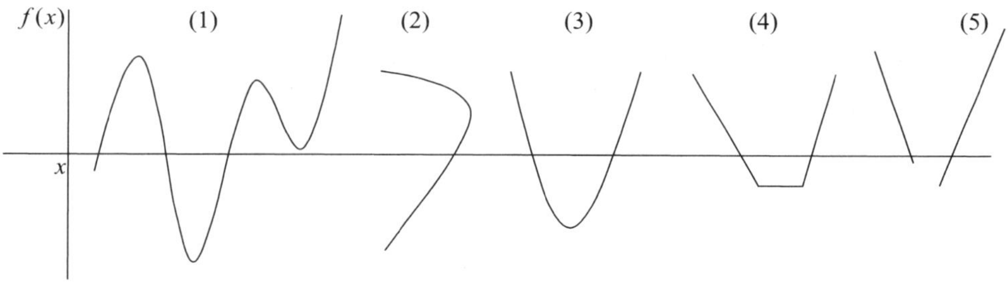

정의역과 치역

정의역과 치역은 일반적으로 구간(interval)으로 되어 있으며 가질 수 있는 가능한 모든 값들의 모임이다. 구간의 양 끝값을 경계값(boundary point)이라 하고 구간 내의 값은 내부값(interior point)이라 한다.

Open interval (열린 구간) (a, b) 구간의 양 끝값을 모두 포함하지 않는다.
Closed interval (닫힌 구간) $[a, b]$ 구간의 양 끝값을 모두 포함한다.
Half-open interval (반 열린 구간) $[a, b)$, $(a, b]$ 한쪽값만 포함한다.

함수	Domain	Range
$y = x^2$	$(-\infty, \infty)$	$[0, \infty)$
$y = 1/x$	$(-\infty, 0) \cup (0, \infty)$	$(-\infty, 0) \cup (0, \infty)$
$y = \sqrt{x}$	$[0, \infty)$	$[0, \infty)$

함수 예제

화씨 온도(Fahrenheit)를 섭씨 온도(Centigrade)로 바꾸는 식? 이것 역시 함수이다.
$C=\frac{5}{9}(F-32)$ ($C=f(F)$) 정의역은 $D=\{x;-\infty<x<\infty\}$ 으로 F(화씨 온도)가 가질 수 있는 온도값이고, 치역은 C가 가질 수 있는 온도값으로 $R=\{y=f(x);\ -\infty<y<\infty\}$ 이다.
아이 IQ(Y)는 엄마 IQ(X)에 의존할 가능성이 있다. 만약 y의 값이 전적으로 x에 의해서만 결정된다면 y는 x의 함수라 한다. 그러나 아이 IQ는 전적으로 엄마 IQ에만 의존하는 것은 아니므로 그 외 영향을 미치는 요인들을 오차항(error)으로 하여 이를 다루는 통계분석은 회귀분석이다. 즉, 회귀함수는 $y=f(x)+error$ 를 다루게 된다.

반지름이 r인 원의 면적을 구하는 식도 함수이다. $A(r)=\pi r^2$ ($\pi=3.141592...$)에서 만약 반지름이 2이면 면적은 4π가 된다(이차함수). 정의역은 $r>0$ 이고, 치역은 $A>0$ 이다.

2.2.2 함수 그래프 그리기

함수 $y=f(x)$ 의 관계를 2차원 공간(x-축, y-축) 좌표에 표현한 것을 그래프라 하는데, 정의역값을 X-축에 그에 대응하는 값을 Y-축에 나타낸 좌표점들을 연결하여 놓은 것이다. 직선방정식의 함수 그리기는 2.1.7절을 참고하기 바란다.

함수 그리기 (1)

함수 $y=x^2$, (Domain $-2\le x\le 2$) 그래프를 그리자(이차함수).

[STEP 1] 계산이 용이한 x값을 선택하여 y값을 구한다.
[STEP 2] 2차원 공간에 좌표를 표시한다.
[STEP 3] 좌표를 연결하여 그래프를 그린다.

x	$y=x^2$
−2	4
−1	1
0	0
1	1
2	2

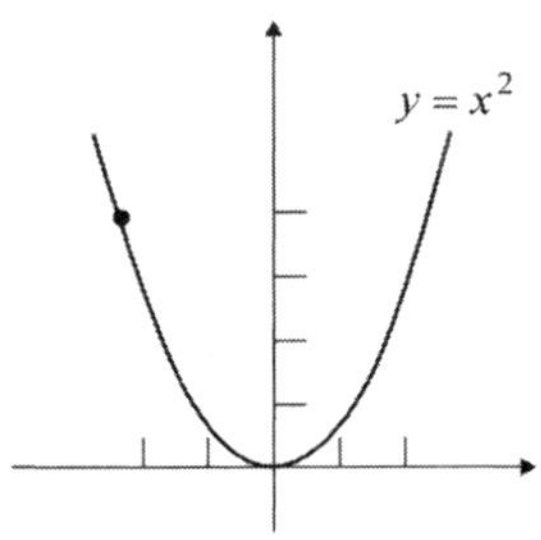

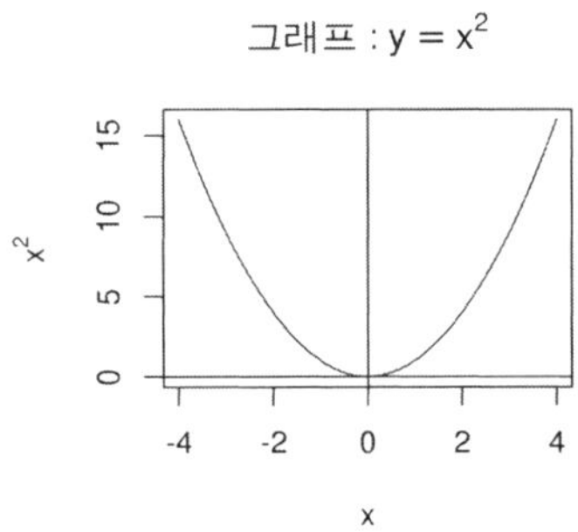

```
#install.packages('latex2exp')
library(latex2exp)
x=seq(-4,4,0.1)
y=x^2
plot(y~x,type='l',main=TeX(r'(그래프 : $y=x^2$)'),
     ylab=TeX(r'($x^2$)'),col='blue')
abline(0,0,v=0)
```

함수 그리기 (2)

함수 $y=\sqrt{4-x}$ 그래프를 그리자.

[STEP 1] 함수의 Domain을 결정해야 한다. Root 안의 값은 0보다 커야 하므로 $4-x \geq 0$ 의 함수 Domain은 $x \leq 4$ 이다.

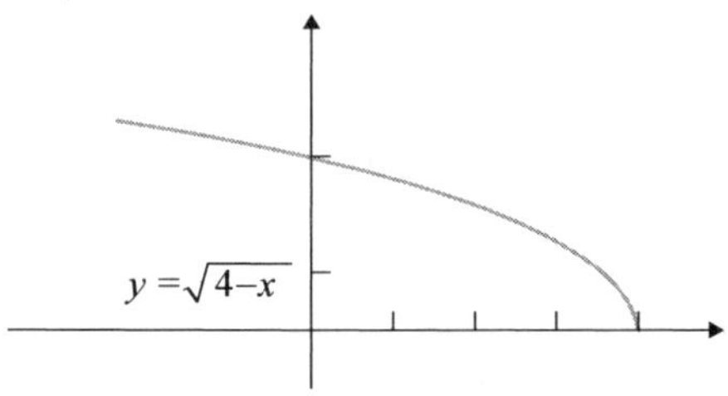

[STEP 2] 계산이 용이한 x값을 선택하여 y값을 구한다.

x	$y=\sqrt{4-x}$
4	0
3.75	0.5
2	$\sqrt{6}$
0	2
-2	$\sqrt{6}$

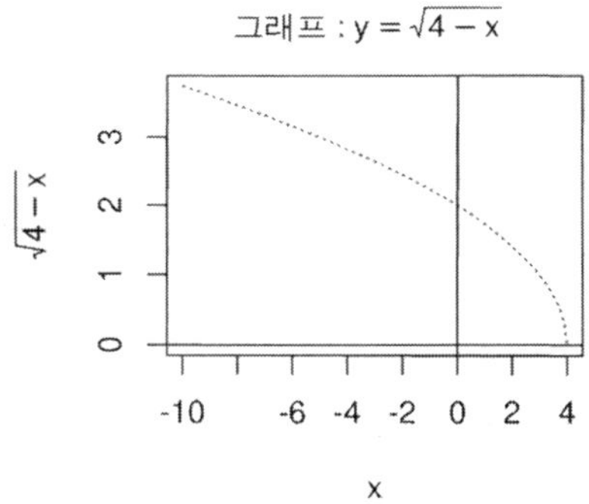

[STEP 3] 좌표를 연결하여 그래프를 그린다.

```
library(latex2exp)
x=seq(-10,4,0.1)
y=sqrt(4-x)
plot(y~x,type='l',main=TeX(r'(그래프 : $y=\sqrt{4-x}$)'),
     ylab=TeX(r'($\sqrt{4-x}$)'),col='blue',lty=3)
abline(0,0,v=0)
```

함수 그리기 (3)

함수 $y=(x-2)^{-1}$ 그래프를 그리자.

$x=2$ 에서는 함수값이 정의되지 않는다. 2를 중심으로 멀어질수록 함수값은 0에 수렴하게 된다. X의 범위를 (8, 12)으로 하였다.

```
library(latex2exp)
x=seq(-8,12,0.1)
y=1/(x-2)
plot(y~x,type='l',main=TeX(r'(그래프 : $y=(x-2)^{-1}$)'),
     ylab=TeX(r'($(x-2)^{-1}$)'),col='blue',lty=2)
abline(0,0,v=0)
```

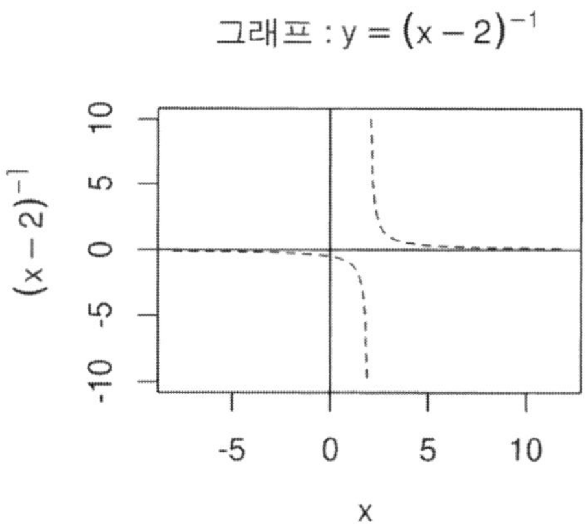

직선 그리기

다음 함수 그래프를 수작업으로 그리고 R을 이용하여 확인하자.

(1) $y=-\frac{1}{x}+3$

(2) $y=9-x^2$

(3) $y=-x^3$

(4) $y=-\frac{1}{x^2+2}$

2.2.3 확률변수와 확률분포함수

definition 확률변수(random variable)

표본공간의 각 결과(원소)에 실수값을 대응시키는 규칙(함수)을 확률변수라 한다. 표본공간이 S인 확률실험에서 각 표본공간 원소에 오직 하나의 실수값을 대응하는 함수 X를 확률변수라 한다. 기호로는 $X(w)=x$ 이다. 확률변수 X의 정의역은 표본공간 $S=\{w: w\subset S\}$ 이고, 치역은 $\{x: X(w), w\subseteq S\}$ 이다.

이산형(discrete) 확률변수, 연속형(continuous) 확률변수

표본공간이 셀 수 있는 경우(finite)에 정의된 확률변수를 이산형 확률변수, 셀 수 없는 경우(infinite)에 정의된 확률변수를 연속형 확률변수라 한다. 제품 불량 개수, 교통사고 발생 수, 주사위 눈금은 이산형 확률변수이다. 제품 수명, 강수량, 정격 전압 등은 연속형 확률변수이다.

이상형과 연속형에 대한 다른 정의로는 임의의 구간을 설정하여도 구간 내의 값이 측정될 수 있으면 연속형, 그렇지 않으면 이산형이라 한다.

확률분포함수(probability distribution function)

확률변수가 가질 수 있는 값들을 정의역(domain), 각 값들의 확률(probability)을 치역(range)으로 한 함수를 (확률)분포함수(혹은 확률밀도함수, prob. density function)라 하고, $f(x)$로 (이산형 변수일 경우는 구별하여 $p(x)$을 사용하기도 한다) 나타낸다.

확률분포함수 조건

1) 확률변수 X의 임의의 값 x의 확률값은 0 이상이다. $f(x)\geq 0$ *for all* x

2) 확률변수 X의 모든 값 x의 확률을 더하면 1이다. $\int f(x)dx=1$, $\sum p(x)=1$

definition 기대값

확률변수 X의 기대값은 다음과 같이 정의된다.

(이산형) $E(X)=\sum xp(x)$

(연속형) $E(X)=\int f(x)dx$

모집단 기호 m, 표본 데이터 기호 $\bar{X}$

기대값 $E(X)$는 평균으로 불리며, 함수 $(X-E(X))^2$의 기대값을 분산이라 정의한다. 즉, 분산은 $V(X)=E(X-E(X))^2$ 이다. 모분산 기호는 σ^2, 표본분산은 s^2으로 나타낸다.

주사위를 던지는 실험에서 나타나는 눈금의 기대값은 3.5이다. 나타나는 눈금을 확률변수 X라 하자. 확률밀도함수는 $p(x)=1/6,\ x=1,2,\ldots,6$ 이다. 이를 균일분포(uniform dist.)라 한다. 그러므로 기대값(평균)과 분산은 다음과 같다.

$$
\begin{aligned}
E(X) &= \sum xp(x) = 1\times\frac{1}{6}+2\times\frac{1}{6}+\ldots+6\times\frac{1}{6}=3.5 \\
V(X) &= E(X-E(X))^2 = \sum(X-3.5)p(x) \\
&= (1-3.5)^2\frac{1}{6}+(2-3.5)^2\frac{1}{6}+\ldots+(6-3.5)^2\frac{1}{6}=2.92
\end{aligned}
$$

R에서 기대값 계산

```
> x=seq(1,6)
> px=rep(1/6,6)
> x*px
[1] 0.1666667 0.3333333 0.5000000 0.6666667 0.8333333 1.0000000
> sum(x*px)
[1] 3.5
> sum((x-sum(x*px))^2*px)
[1] 2.916667
```

2.2.4 이산형 확률밀도함수

베르누이 분포(Bernoulli distribution) $X\sim B(p)$

(1) 모든 시행이 서로 독립이고, (2) 시행(trial) 결과가 성공(success, 관심을 갖는 결과)과 실패(failure, 반대 결과) 두 가지만 발생하고, (3) 매 시행 성공 확률이 p로 일정한 경우에 이를 베르누이 시행(Bernoulli trial)이라 한다. 시행의 성공일 확률이 p라 하고 성공이면 확률변수 X= 1, 실패면 X=0이라 하면 확률분포함수는 다음과 같다.

$$p(x\mid p)=p^x(1-p)^{1-x},\quad x=0,1\quad (\text{평균}=p,\ \text{분산}=pq)$$

이항분포(Binomial distribution) $X\sim B(n,p)$

n번의 독립적인 베르누이 시행에서 성공의 회수를 확률 변수 X라 하자. "독립적"이란 각 시행이 다른 시행의 결과에 영향을 미치지 않음을 의미한다. 이때 확률변수 X는 모수가 (n, p)인 이항분포를 따른다고 하고 $X\sim B(n,p)$ 확률분포함수는 다음과 같다.

$$p(x\mid n,p)=\binom{n}{x}p^{x}(1-p)^{n-x},\quad x=0,1,2,\ldots,n\ \ (\text{평균}=np,\ \text{분산}=npq)$$

이항분포함수 그리기

$B(20,\ 0.1)$, $B(20,\ 0.5)$, $B(20,\ 0.9)$ 확률밀도함수를 동일 화면에 그리자. dbinom()함수를 이용하면 된다. 옵션 중 'h'는 histogram를 의미한다.

```
x=seq(0,20) #확률변수 범위 지정
px1=dbinom(x,20,0.1) # X~B(20,0.1) 확률밀도함수
px2=dbinom(x,20,0.5) # X~B(20,0.5) 확률밀도함수
px3=dbinom(x,20,0.9) # X~B(20,0.9) 확률밀도함수
plot(px1~x,type='h',main=paste('B(20,c(0.1,0.5,0.9)) pdf'),
     ylab='p(x)',col='green',xlab='x',ylim=c(0,0.3))
lines(px2~x,type='h',col='blue')
lines(px3~x,type='h',col='red')
```

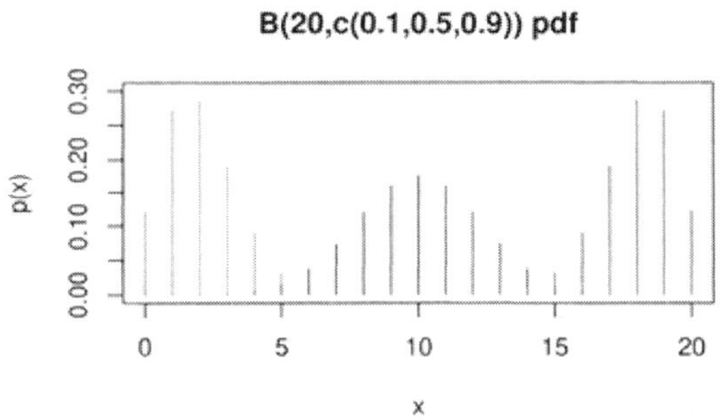

포아송 분포(Poisson distribution) $X \sim Poisson(\lambda)$

단위 시간(예를 들어 일주일)을 같은 크기로 n등분하면 각 서브 구간에 사건 발생(예: 성공)이 많아야 한 번 일어나게 한다고 하자. 즉 P(서브 구간에 성공이 발생하지 않음)=1–p, P(서브 구간에 성공이 한 번 발생)=p, P(서브 구간에 성공이 한 번 이상 발생)=0이라 가정한다. 일주일 동안 성공횟수는 이항분포를 따를 것이다. 이 경우 서브 구간을 몇 개로 나누어야 할지 모르므로 (n, p)의 값을 모른다. 그러므로 n을 매우 크게 하여 p를 매우 작게 하는 것이 합리적일 것이다. 그리하여 $\lambda=np$ 라 하고 n을 ∞로 근사하면

$$\lim_{n\to\infty}\binom{n}{x}(p)^{x}(1-p)^{n-x}=\frac{\lambda^{x}}{x!}e^{-\lambda}$$

참고 $\lim_{n\to\infty}(1+\frac{1}{n})^{n}=e$, $\lim_{n\to\infty}(1-\frac{\lambda}{n})^{n}=e^{-\lambda}$

이처럼 발생 확률이 매우 낮은 사건의 성공 확률이 매우 낮은 시행에서 성공횟수를 확률변수 X라 하면 이는 Poisson 분포를 따르고 $X \sim Poisson(\lambda)$ 라 표시한다. 확률분포함수는 다음과 같다.

$$f(x \mid \lambda) = \frac{e^{-\lambda}\lambda^{x}}{x!}, \quad x = 0,1,2,\ldots, \quad 0 \le \lambda < \infty$$

참고 $\lambda = np$ (평균= λ, 분산= λ)

포아송 분포는 일정 단위당 관심 사건 발생횟수를 정의한다. 예를 들어, 페이지당 페이지 오류 개수, 시간당 은행을 찾는 고객 수, 은행 콜 센터에 매 30분당 걸려오는 전화 수, 아프리카 초원 10ha 당 표범 수 등은 포아송 분포를 따르게 된다.

n이 커지고 p가 매우 작아 np가 일정해지면 이항분포 $B(n, p)$는 $Poisson(\lambda = np)$에 근사한다(approximate).

포아송 분포함수 그리기

$P(\lambda = 2), P(\lambda = 10)$ 확률밀도함수를 R에서 그려보자.

```
x=seq(0,20) #확률변수 범위 지정
px1=dpois(x,1) # X~P(lambda=10) 확률밀도함수
px2=dpois(x,2) # X~P(lambda=2) 확률밀도함수
px3=dpois(x,10) # X~P(lambda=10) 확률밀도함수
plot(px1~x,type='b',main=paste('Poisson pdf(lambda=c(1,4,9))'),
     ylab='p(x)',col='green')
lines(px2~x,type='b',col='red',lty=2)
lines(px3~x,type='b',col='blue')
```

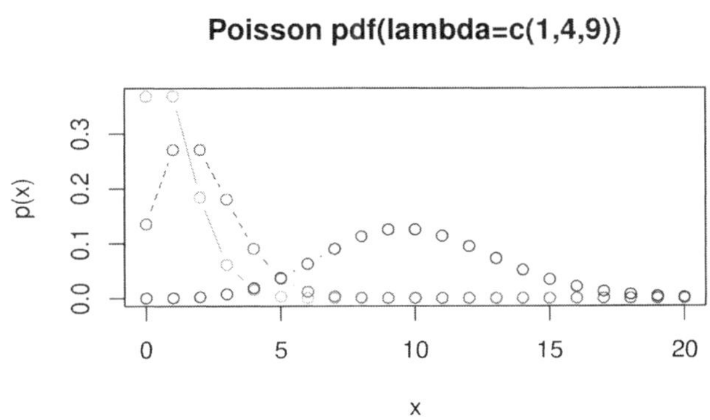

이항분포 포아송 분포근사

$B(10, 0.5)$, $B(20, 0.25)$, $B(50, 0.2)$, $P(5)$ 확률밀도함수를 하나의 그래프 화면을 4등분하여 하나씩 그리자. 4개 모두 평균 모수는 5이다. c(2,2)는 화면을 2행, 2열로 나눔을 의미한다. 함수 abline()은 참조선(reference line)을 긋는다.

```
x=seq(0,20) #확률변수 범위 지정
px1=dbinom(x,10,0.5) # X~B(10,0.5) 확률밀도함수
px2=dbinom(x,20,0.25) # X~B(20,0.25) 확률밀도함수
px3=dbinom(x,50,0.1) # X~B(50,0.1) 확률밀도함수
px4=dpois(x,5) # X~P(5) 확률밀도함수
dev.off()
split.screen(c(2,2))
screen(1)
plot(px1~x,type='h',main='B(10,0.5)',ylim=c(0,0.2))
abline(0.1,0,col='red',lty=2)
screen(2)
plot(px2~x,type='h',main='B(20,0.25)',ylim=c(0,0.2))
abline(0.1,0,col='red',lty=2)
screen(3)
plot(px3~x,type='h',main='B(50,0.1)',ylim=c(0,0.2))
abline(0.1,0,col='red',lty=2)
screen(4)
plot(px4~x,type='h',main='P(5)',ylim=c(0,0.2))
abline(0.1,0,col='red',lty=2)
```

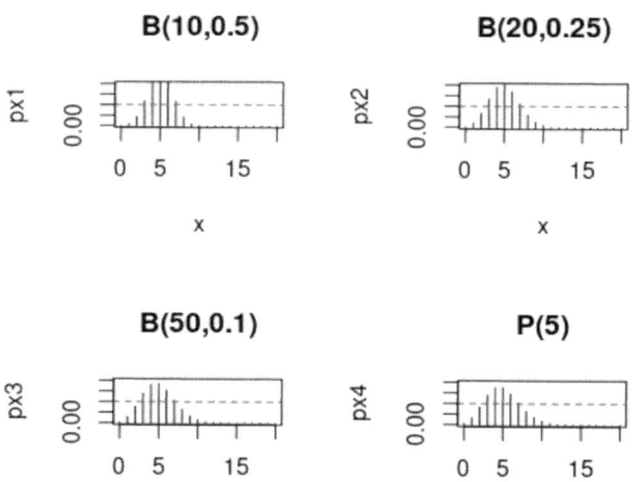

초기하분포(Hyper-geometric distribution) $X \sim HG(N,D,n)$

N개 개체가 있는 유한 모집단이 있다고 가정하자(예를 들면 주머니 안에 구슬이 100, 생산된 제품이 500개). 우리가 관심이 있는 개체들의 개수가 D($D \le N$, 예: 빨간색 30,

불량품이 5개)라고 하자. 이런 모집단으로부터 n개의 개체를 뽑을 때(without replacement, 비복원추출) 관심의 개체 수를 확률변수 X라 할 때 X는 초기하분포를 따른다고 하고 $X \sim HG(N,D,n)$ 확률분포함수는 다음과 같다.

$$p(x \mid N,D,n) = \frac{\binom{D}{x}\binom{N-D}{n-x}}{\binom{N}{n}}, \quad x = 0,1,2,\ldots,\min(n,D)$$

(평균$=\frac{nD}{N}$, 분산= 복잡)

N이 커지면 초기하분포 $HG(N,D,n)$는 이항분포 $B(n,D/N)$에 근사한다.

이항분포 그리기

초기하분포가 이항분포에 근사함을 보이자. 관심 집단의 비율(성공비율)이 p=0.1, 0.5을 이용하여 보이자.

```
#성공비율 0.5
x=seq(0,5) #확률변수 범위 지정
px_b=dbinom(x,5,0.5) # X~B(5,0.5) 확률밀도함수
px_h=dhyper(x,10,10,5) # X~HG(10,10,5) 확률밀도함수
plot(px_b~x,type='b',main=paste('p=0.5'),
     ylab='p(x)',col='green',ylim=c(0,0.6))
lines(px_h~x,type='b',col='red',lty=2)

#성공비율 0.1
x=seq(0,5) #확률변수 범위 지정
px_b=dbinom(x,5,0.1) # X~B(5,0.1) 확률밀도함수
px_h=dhyper(x,10,90,5) # X~HG(10,90,5) 확률밀도함수
plot(px_b~x,type='b',main=paste('p=0.1'),
     ylab='p(x)',col='green',ylim=c(0,0.6))
lines(px_h~x,type='b',col='blue',lty=2)
legend('topright', legend=c("binom", "hyperg"),
       col=c("green", "blue"), lty=1:2, cex=0.8)
```

Legend 위치 지정 옵션: "bottomright", "bottom", "bottomleft", "left", "topleft", "top", "topright", "right" and "center".

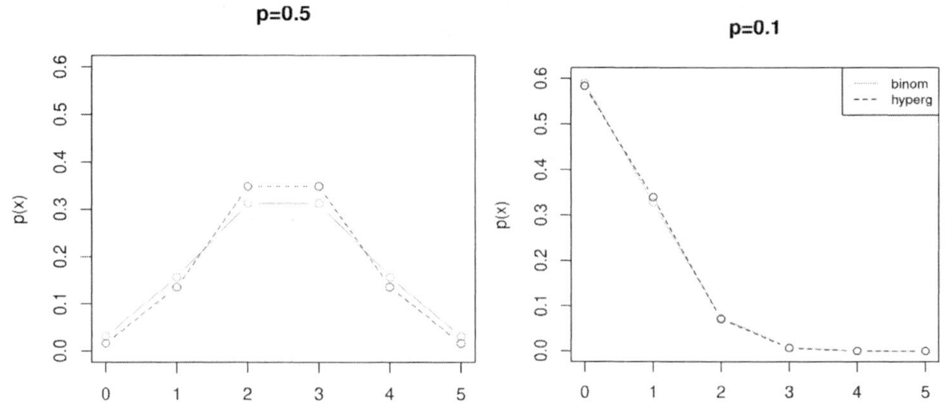

기하분포(Geometric distribution) $X \sim G(p)$

성공 확률이 p인 시행에서 첫 번째 성공이 발생할 때까지 소요되는 시행횟수를 X라 하면 X는 기하분포를 따르며, $X \sim G(p)$ 확률분포함수는 다음과 같다.

$$f(x) = q^{x-1}p\ ,\ \ x = 1,2,3,\ldots\ \ (\text{평균} = 1/p\ ,\ \text{분산} = q/p^2\ )$$

기하분포는 이산형 시간확률분포함수(예: 제품 수명, 고객을 기다리는 시간, 관심 사고가 발생할 때까지 걸리는 시간, 이 경우 단위 시간 개념이 적용된다)에 활용된다. 연속형 확률변수의 경우 지수분포를 가정하게 된다. 다음 고객이 은행을 찾아오는 시간이 적어도 5분 이상일 확률을 구하는 문제에서 기하분포를 적용하면 1분 혹은 10초 등이 단위 시간으로 정의되어야 한다.

기하확률분포함수 그리기

다음은 Wikipedia의 기하분포 그래프이다. R을 이용하여 그리자.

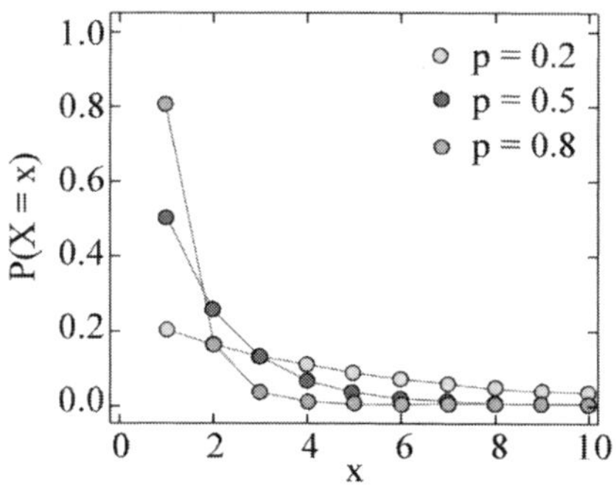

음이항분포(Negative binomial distribution) [optional] $X \sim NB(r,p)$

성공 확률이 p인 시행에서 r번째 성공이 발생할 때까지 소요되는 시행횟수를 X라 하면, X는 음이항분포를 따르고 $X \sim NB(r,p)$ 확률분포함수는 다음과 같다.

$$f(x) = \binom{x-1}{r-1} q^{x-r} p^r, \quad x = r, (r+1), (r+2), \ldots \quad (\text{평균} = r/p, \ \text{분산} = rq/p^2)$$

음이항분포는 성공횟수 r이 정수일 필요는 없는데, r인 정수인 경우를 구별하여 Pascal(파스칼) 분포라고도 한다. 그러나 음이항분포라 함은 r이 정수인 경우를 일컫는 경우가 대부분이다. "음이항"의 의미는 무엇인가? 이항분포의 경우 n번 시행 중 성공횟수(X)에 관한 분포라면 음이항분포는 r번 성공했을 때 시행횟수(X)에 관한 분포이므로 이런 이름을 갖게 되었다.

이산형 분포함수 관계

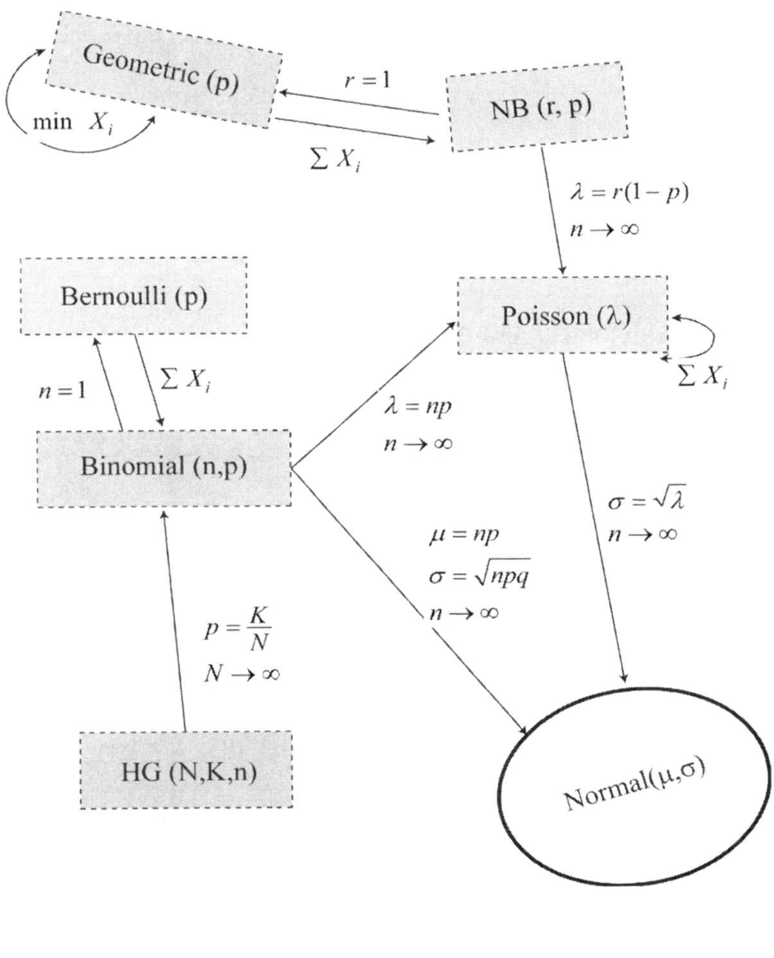

2.2.5 연속형 확률밀도함수

균일분포함수(continuous uniform distribution) $X \sim U(a,b)$

연속형 확률변수가 일정 구간 내($\theta_1 \le x \le \theta$)에서 어느 값이든 일어날 가능성이 동일할 때 균일 분포를 따른다고 하고 확률 분포 함수는 다음과 같다.

$$f(x) = \frac{1}{b-a}, \quad a < x < b$$

$$(\text{평균}= \frac{a+b}{2}, \text{ 분산}= \frac{(b-a)^2}{12})$$

정규분포함수(normal distribution) $X \sim N(\mu,\sigma)$

천문학 관련 측정 오차들에 대한 확률분포함수로 Gauss가 발견하여 Gaussian 분포라고도 하는 정규분포는 통계학에서 가장 중요한 확률분포이다. 정규(normal)의 의미는 이 분포를 따르지 않는 오차의 분포는 abnormal하다고 하였고 그에 대응하여 normal을 사용하게 되었다. 확률변수가 평균 μ, 표준편차가 σ 인 정규분포를 따를 때 확률밀도함수는 다음과 같다.

$$f(x) = \frac{1}{\sqrt{2\pi}\sigma} e^{-\frac{(x-\mu)^2}{2\sigma^2}}, \quad -\infty < x < \infty$$

$$(\text{평균} = \mu, \text{ 분산} = \sigma^2)$$

평균 0, 표준편차 1인 표준정규분포 $z = \frac{x-\mu}{\sigma} \sim N(0,1)$ 확률밀도함수는 다음과 같다.

$$f(z) = \frac{1}{\sqrt{2\pi}} e^{-\frac{z^2}{2}}, \quad -\infty < z < \infty$$

정규확률분포함수 그리기

$N(0,1)$, $N(1,1)$, $N(1,\sqrt{2})$ 확률밀도함수를 한 그래프에 그리자. $N(1,\sqrt{2})$ 우측 범위는 $1+3\sqrt{2}=5.24$ 에서 5까지만 정해 주었다. 좌우 대칭인 분포는 ±3*표준편차를 범위로 지정해 주면 된다. 연속 함수 그래프를 그려줄 때는 눈금을 0.1 정도로 해 주는 것이 그래프를 smoothing 하게 만든다.

```
#정규분포
x=seq(-3,5,0.1) #확률변수 범위 지정
px1=dnorm(x,0,1) #N(0,1)
px2=dnorm(x,1,1) #N(1,1)
px3=dnorm(x,1,sqrt(2)) #N(1,2)
plot(px1~x,type='l',main=paste('Normal Dist.'),
     ylab='f(x)',col='green')
lines(px2~x,type='l',col='blue',lty=2)
lines(px3~x,type='l',col='red')
legend('topright', legend=c('(0,1)','(1,1)','(1,2)'),
       col=c('green','blue','red'), lty=1:2, cex=0.8)
```

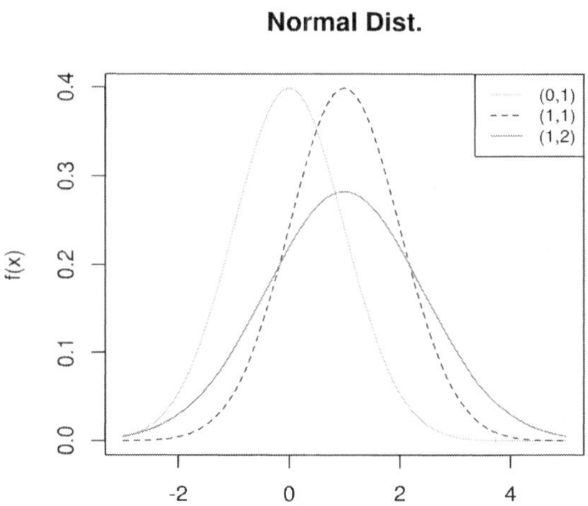

표준화(Standardization)

단위가 다른 두 집단의 관측값 정보를 상호 비교하기 위하여 표준화 개념을 도입하였다. 수능점수의 원 점수를 표준화한 표준화 점수를 이용하여 수능 과목 간 등급을 산정하는 것이 사례이다. 정규분포 확률밀도함수는 평균과 표준편차에 따라 그래프의 모양이 변하며, 확률 표는 무한히 많이 존재하므로 평균 0, 표준편차 1인 표준정규분포를 이용하는 것도 한 사례이다.

원 관측값 확률변수를 x라 하고 평균을 μ, 표준편차를 σ라 하면 표준화는 다음과 같다. 확률변수 z의 평균은 0, 표준편차는 1이다.

$$z = \frac{x - \mu}{\sigma}$$

지수분포(Exponential distribution) $X \sim Exp(\theta)$

비행기 엔진이 고장 나는 데 걸리는 시간의 길이, 고객이 도착하는 데 소요되는 시간의 길이, 자동차 검사에 걸리는 시간의 길이에 대한 확률분포함수는 우측으로 치우친 (skewed to the right) 형태를 가지며 0에 주로 가까운 사건이 발생한다.

단위 시간당(주어진 구간) 변화(성공, 발생) 회수가 Poisson(λ =평균) 분포를 따른다고 하자. 변화가 발생하는 사이 시간 X에 대해 생각해 보자. 즉 첫 성공이 일어날 때까지의 시간 X에 대한 누적분포함수(cumulative distribution function, 5장 적분에서 자세히 다룬다)는 다음과 같이 구할 수 있다.

$$F(X) = \Pr(X \le x) = 1 - \Pr(X > x) = 1 - \Pr(\text{no change in [0,x]}) = 1\text{-e}^{-\lambda x}, \quad 0 \le x < \infty$$

확률 변수 X가 모수 λ인 지수분포를 따른다면 $X \sim Exp(\lambda)$ 확률밀도함수는 다음과 같다(미분 4장 참고, $f(x) = F'(x)$).

$$f(x) = \lambda e^{-\lambda x}, \quad 0 \le x < \infty \quad (\text{평균}= \frac{1}{\lambda}, \text{ 분산}= \frac{1}{\lambda^2})$$

$\lambda = \frac{1}{\theta}$일 경우 지수분포함수는 $f(x) = \frac{1}{\theta}e^{-x/\theta}$라 정의되고, 평균은 θ, 분산은 θ^2이다. θ는 사건(고장, 방문, 사고)이 일어나는 데 걸리는 평균시간이므로 지수확률분포함수로 이 형태가 주로 사용된다. 지수분포의 모수 λ는 비율(rate) 모수라 한다.

와이블(Weibull) 분포 $X \sim Weibull(\gamma, \beta)$

기다리는 시간에 대한 분포로는 문제가 없으나 수명으로서 지수분포는 문제가 있다. 언제 어디서나 failure rate(실패율 λ)는 항상 동일하다는 것이다(memory-less 성질). 그러나 실제는 시간이 증가할수록 실패율은 증가한다. 이런 경우 수명에 대한 분포로 주로 사용되는 분포가 와이블 $X \sim Weibull(\gamma, \beta)$ 분포이며, 와이블 확률밀도함수는 다음과 같다. γ는 형상(shape) 모수, β는 크기(scale) 모수라 한다.

$$f(x \mid \gamma, \beta) = \frac{\gamma}{\beta} x^{\gamma-1} e^{-x^{\gamma}/\beta}, \quad x > 0 \quad (\text{평균}= \beta\Gamma(1+\frac{1}{\gamma}), \text{ 분산}= \beta^2\Gamma(1+\frac{2}{\gamma}) - \mu^2)$$

$\gamma = 1$인 경우 와이블 분포는 지수분포와 동일하다.

감마 분포(Gamma distribution) $X \sim Gamma(\alpha, \beta)$

감마 분포는 지수분포와 유사한 분포로 포아송 분포를 따르는 사건이 α번 일어나는 동안 소요되는 시간에 대한 분포이다. 모수 (α, λ)에서 α는 형상 모수, λ는 크기 모수라 한다. 만약 $(x_1, x_2, ..., x_\alpha)$가 서로 독립이고 모수가 λ인 지수분포를 따른다면, $Y = \sum_{i=1}^{\alpha} x_i$ 는 모수가 (α, λ)인 감마 분포 $Gamma(\alpha, \lambda)$를 따른다.

다음은 포아송 분포와 감마 분포의 관계를 나타낸 것이다.

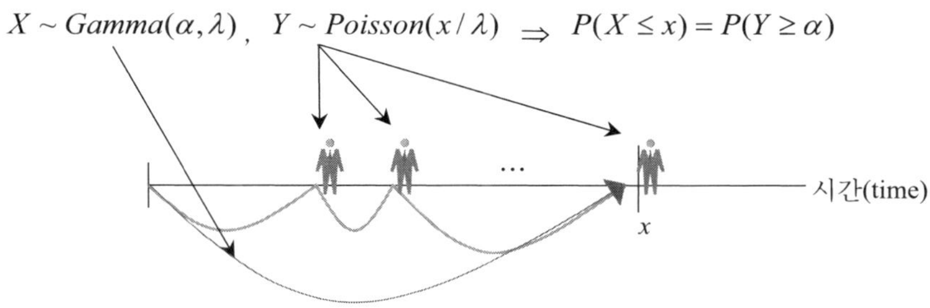

확률변수 X가 모수(α, λ)인 감마 분포를 따를 때 $Gamma(\alpha, \lambda)$ 확률밀도함수는 다음과 같다.

$$f(x) = \frac{\lambda^\alpha}{\Gamma(\alpha)} x^{\alpha-1} e^{-\lambda x}, \quad 0 \le x \quad (\text{평균} = \frac{\alpha}{\lambda}, \ \text{분산} = \frac{\alpha}{\lambda^2})$$

참고 $\Gamma(n) = (n-1)!$

참고 모수가 $\theta = \frac{1}{\lambda}$ 이면 확률밀도함수 $f(x) = \frac{1}{\Gamma(\alpha)\theta^\alpha} x^{\alpha-1} e^{-x/\theta}$, 평균은 $\alpha\theta$ 이고 분산은 $\alpha\theta^2$ 이다.

감마 확률분포함수 그리기

다음은 Wikipedia의 감마 분포 그래프이다. R을 이용하여 그리자.

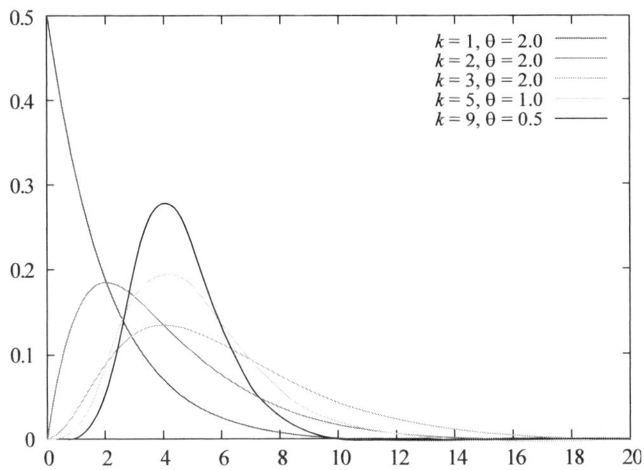

카이제곱분포(Chi-square distribution) $X \sim Chi-square(r)$

서로 독립인 r개의 표준정규분포(z_i) 확률변수 제곱 합이 ($\sum_{i=1}^{r} z_i^2$)을 갖는 확률밀도함수이다.

$$f(x) = \frac{1}{2^{r/2}\Gamma(r/2)} x^{r/2-1} e^{-x/2}, \quad 0 \le x \quad (\text{평균} = r, \ \text{분산} = 2r)$$

카이제곱분포는 감마분포 $X \sim Gamma(\alpha = r/2, \beta = 2)$의 특수한 형태이다. 모수 r을 자유도(degree of freedom)라 한다.

t-분포(t-distribution) $X \sim t(k)$

서로 독립인 표준정규분포 Z, 모수 r인 카이제곱분포 V의 관계식 $W = \frac{Z}{\sqrt{V/r}}$ 이 갖는 확률밀도함수이다. 필명(pen name)이 Student인 W. S. Gosset에 의해 제안되어 (독일 Dublin의 맥주 공장장으로 데이터의 크기가 적은 경우 관측값이 정규분포에 따르지 않음) 이를 Student t-분포라 부른다. t-분포의 모수 k도 자유도라 하며 분포함수의 형태는 표준정규분포와 유사하다. 표준정규분포와 같이 좌우 대칭이며 양쪽 꼬리가 표준정규분포에 비해 두꺼운 형태를 갖는다. 그리고 모수 k가 커지면 표준정규분포에 근사한다.

$$f(x) = \frac{\Gamma(k/2+1)}{\sqrt{k\pi}\Gamma(k/2)}(1 + x^2/k)^{-(k+1)/2}, \quad -\infty < x < \infty \quad (\text{평균} = 0, \ \text{분산} = \frac{k-2}{k})$$

표준정규분포와 t-분포 관계

표준정규분포 $N(0,1)$, $t(10)$, $t(100)$ 확률분포함수 그래프를 한 그래프에 그려보자.

```
#정규분포/t분포
x=seq(-3,3,0.1) #확률변수 범위 지정
px1=dnorm(x,0,1) #N(0,1)
px2=dt(x,10) #t(10)
px3=dt(x,100) #t(100)
plot(px1~x,type='l',main=paste('Normal Dist./t_dist'),
     ylab='f(x)',col='green')
lines(px2~x,type='l',col='blue',lty=2)
lines(px3~x,type='l',col='red')
legend('topright', legend=c('N(0,1)','t(10)','t(100)'),
       col=c('green','blue','red'), lty=1:2, cex=0.8)
.
```

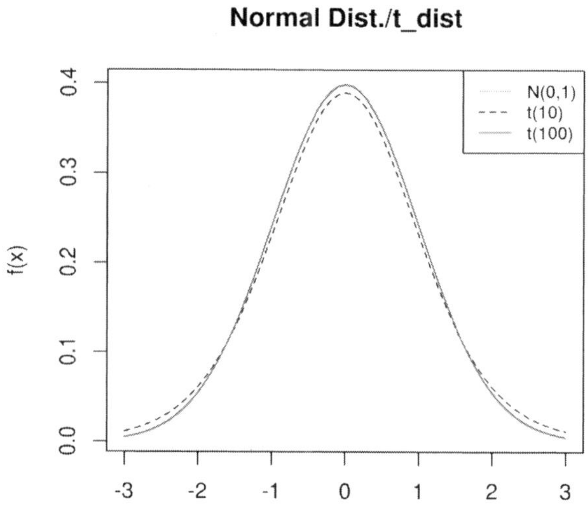

F-분포(F-Distribution) $X \sim F(r_1, r_2)$

서로 독립인 두 카이제곱분포의 ($V_i \sim Chi-square(r_i)$) 관계식 $W = \dfrac{V_1 / r_1}{V_2 / r_2}$ 이 갖는 확률밀도함수이다. F-분포의 모수는 (r_1 =분모 자유도, r_2 =분자 자유도)이다. 분포함수와 분산 식을 복잡하여 생략하였다. F-분포의 평균은 $r_1 /(r_1 + r_2)$ 이다.

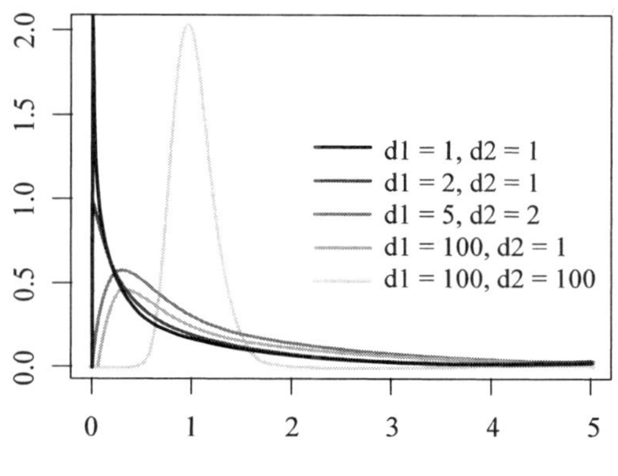

베타 분포(Beta distribution) $X \sim Beta(\alpha, \beta)$

서로 독립인 두 감마 분포의 ($X \sim Gamma(\alpha, \theta)$), $X \sim Gamma(\beta, \theta)$)의 관계식 $W = \dfrac{X}{X+Y}$ 이 갖는 확률밀도함수이다. 베타 분포의 모수 α, β 모두는 형상(shape) 모수이다. 평균은 $\alpha /(\alpha + \beta)$, 분산은 $\alpha\beta / \{(\alpha + \beta)^2 (\alpha + \beta + 1)\}$ 이다.

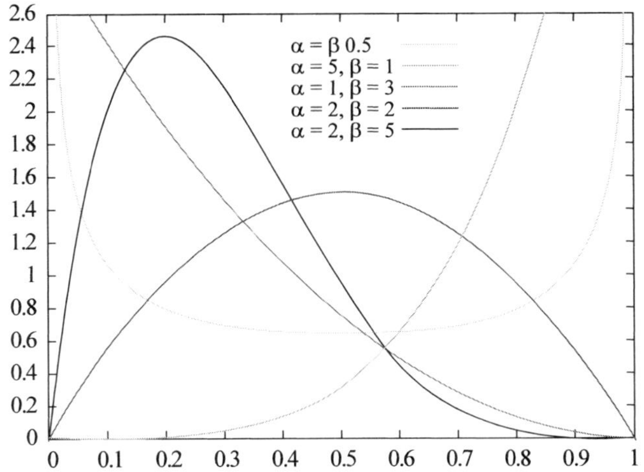

이항분포의 포아송 분포근사(Binomial approximation to Poisson)

이항분포모수 n가 무한히 커질 때 $B(n, p)$는 포아송 분포에 근사한다.

$$P(X \le k \mid X \sim B(n,p)) \approx P(X \le k \mid X \sim Pisson(\lambda = np))$$

포아송 분포근사

$P(X \le 2 \mid X \sim B(10, 0.1)$, $P(X \le 20 \mid X \sim B(100, 0.1)$ 을 이항분포와 포아송분포를 이용하여 구하자.

```
> pbinom(2,10,0.1);ppois(2,1)
[1] 0.9298092
[1] 0.9196986
> pbinom(20,100,0.1);ppois(20,10)
[1] 0.9991924
[1] 0.9984117
```

이항분포의 정규분포근사(Binomial approximation to Normal)

이항분포모수 n가 무한히 커질 때($n \to \infty$) 이항분포 $B(n, p)$는 정규분포 $Normal(np, npq)$에 근사한다. 컴퓨터가 발달하지 않을 때는 n이 커지면 $C(n, x)$을 계산하는 것이 불가능하여 근사 규칙을 이용하여 이항분포의 확률값을 계산하였다.

이항분포확률을 정규분포에 근사하여 확률값을 구할 때는 연속보정(continuity correction)을 고려해야 한다. 이는 이산형의 경우 임의의 한 값에서 확률은 확률 막대 높이이므로 값이 존재하지만 연속형인 경우 확률은 면적이므로 한 값의 확률은 0이 되므로 이를 보정해 주는 역할을 연속보정이 한다. 연속보정의 부등식의 바깥쪽으로 0.5만큼 넓혀주게 된다.

$$P(m \le X \le n \mid X \sim B(n,p)) \approx P(m-0.5 \le X \le n+0.5 \mid X \sim N(np,npq))$$

포아송 분포도 모수 λ가 커지면 정규분포에 근사한다.

이항분포 정규분포근사

$P(X \le 3 \mid X \sim B(50,0.1))$, $P(X \le 6 \mid X \sim B(100,0.1))$, $P(5 \le X \le 18 \mid X \sim B(50,0.4))$

확률을 이항분포로 구하고 정규분포 근사로 구하여 비교하자. n 크기보다는 비율 p가 0.5에 가까울수록 빨리 근사한다. 정규분포의 경우 0.5만큼 연속 보정하여 구하자.

```
> pbinom(3,50,0.1);pnorm(3.5,5,sqrt(4.5))
[1] 0.2502939
[1] 0.2397501
> pbinom(6,100,0.1);pnorm(6.5,10,sqrt(9))
[1] 0.1171556
[1] 0.1216725
> pbinom(18,50,0.4)-pbinom(4,50,0.4)
[1] 0.3356128
> pnorm(18.5,20,sqrt(12))-pnorm(4.5,20,sqrt(12))
[1] 0.3324989
```

분포 관계식

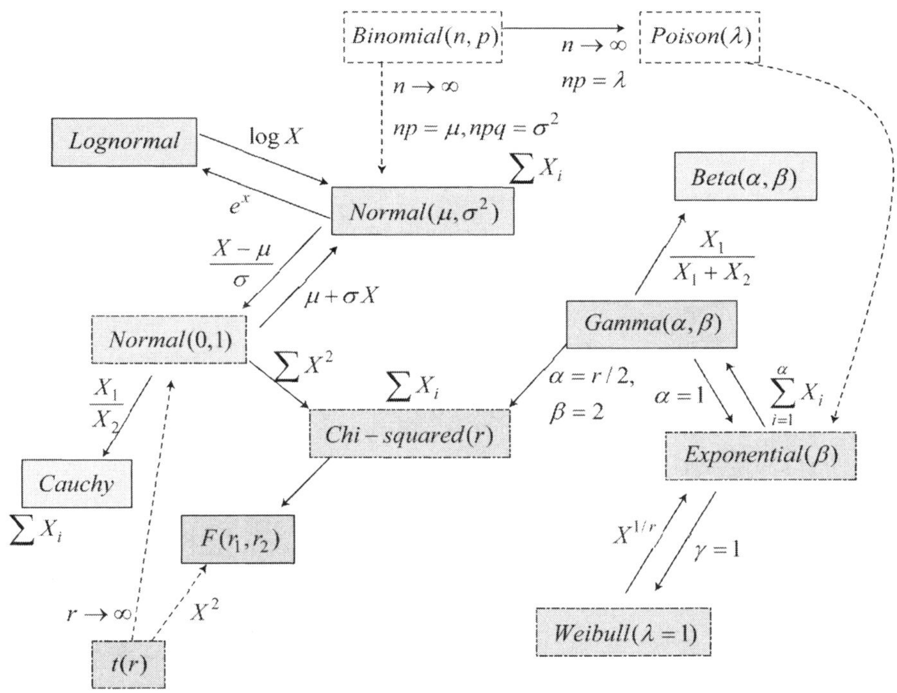

2.2.6 삼각함수

각(angle)에 대한 함수로 circular 함수라고도 하며, 주기에 대한 함수로 사용된다. 각 C가 직각이고 나머지 각들이 A, B인 삼각형을 다음과 같이 정의하자. 각 A의 수평선 길이를 a, 삼각형 높이를 b, 사면 길이를 h라 하자.

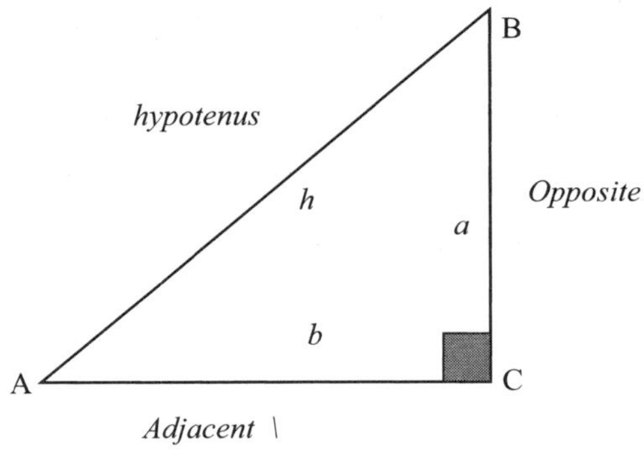

definition 삼각함수(trigonometric function)

(1) $\sin(A) = a/h$ (sine A)	(4) $\sec(A) = 1/\cos(A)$ (secant A)
(2) $\cos(A) = b/h$ (cosine A)	(5) $\csc(A) = 1/\sin(A)$ (cosecant A)
(3) $\tan(A) = a/b$ (tangent A)	(6) $\cot(A) = 1/\tan(A)$ (cotangent A)

그러므로 $\tan(A) = \dfrac{\sin A}{\cos A}$ 가 성립한다. 다음 항등식은 본 저서에서는 증명하지 않는다.

삼각함수 항등식

(1) $\sin^2(A) + \cos^2(A) = 1$

(2) $\sin(A \pm B) = \sin(A)\cos(B) \pm \sin(A)\cos(B)$

(3) $\cos(A \pm B) = \cos(A)\cos(B) \mp \sin(A)\sin(B)$

(4) $\sin(\frac{\pi}{2} - A) = \cos(A)$, $\cos(\frac{\pi}{2} - A) = \sin(A)$, $\tan(\frac{\pi}{2} - A) = \cot(A)$

(5) $\sin(-A) = -\sin(A)$, $\cos(-A) = \cos(A)$, $\tan(-A) = -\tan(A)$

삼각함수값

각 degree	원주율 radius	Sin(x)	Cos(x)	Tan(x)
0	0	0	1	0
15°	π/12	$\frac{\sqrt{3}-1}{2\sqrt{2}}$	$\frac{\sqrt{3}+1}{2\sqrt{2}}$	$2-\sqrt{3}$
30°	π/6	1/2	$\frac{\sqrt{3}}{2}$	$\frac{1}{\sqrt{3}}$
45°	π/4	$\frac{1}{\sqrt{2}}$	$\frac{1}{\sqrt{2}}$	1
60°	π/3	$\frac{\sqrt{3}}{2}$	1/2	$\sqrt{3}$
75°	5π/12	$\frac{\sqrt{3}+1}{2\sqrt{2}}$	$\frac{\sqrt{3}-1}{2\sqrt{2}}$	$2-\sqrt{3}$
90°	π/2	1	0	정의 불가

삼각함수 값 in R

Radius π는 R에서 ‘pi’로 내장되어 있음.

‘−2.44e−16’ ⇨ $-2.44*10^{-16}$

−0.000000000000000244 와 동일

```
> sin(pi/4);sin(pi/2)
[1] 0.7071068
[1] 1
> 1/sqrt(2)
[1] 0.7071068
> cos(2*pi);sin(2*pi)
[1] 1
[1] -2.449294e-16
```

삼각함수 그래프

R을 이용하여 다음의 그래프를 그리자.

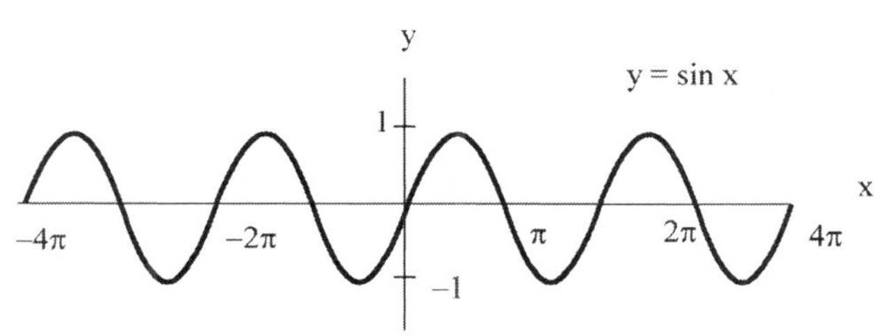

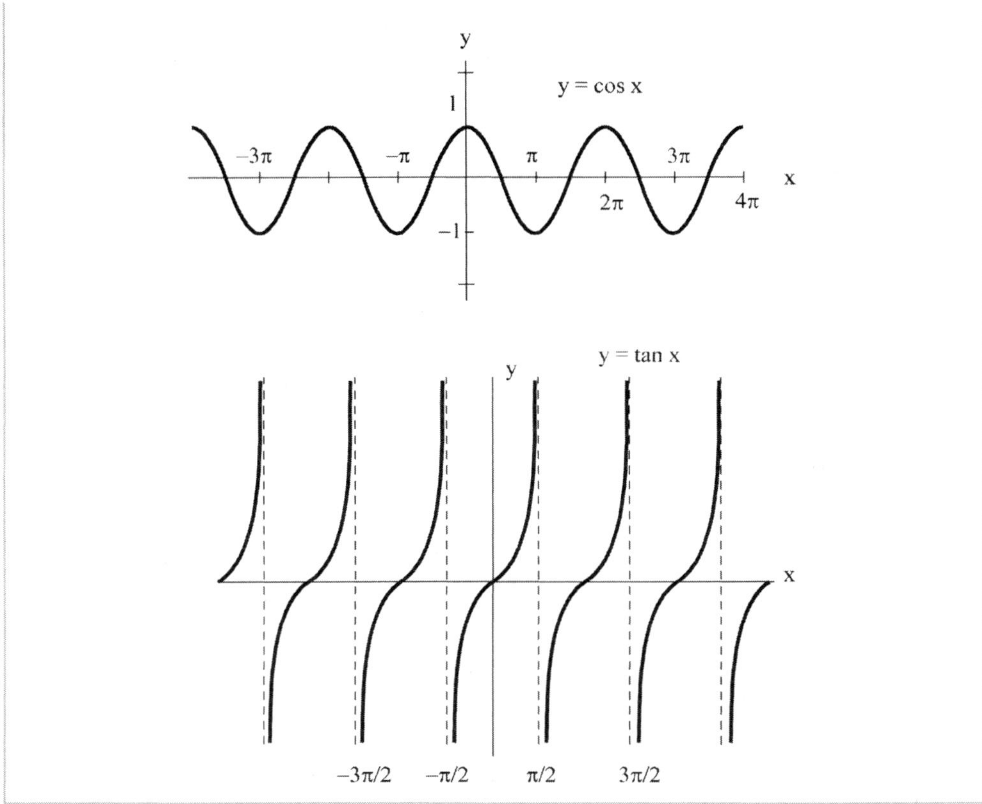

2.2.7 우함수와 기함수

만약 $f(-x)=f(x)$이면 함수 $f(x)$는 우함수(even function)라 한다. 우함수는 y-축을 기준으로 반을 접으면 왼쪽 그래프가 일치하게 된다. 만약 $f(-x)=-f(x)$이면 함수 $f(x)$는 기함수(odd function)라 정의한다. 기함수의 경우에는 원점을 지나는 45° 직선을 기준으로 두 그래프가 동일하다.

다음 함수가 우함수, 기함수, 일반함수인지 구별하시오.

함수	형태	함수	형태
$y=x^2$	우함수	$y=\cos x$	우함수
$y=x^2+1$	우함수	$y=\sin x$	기함수
$y=x$	기함수	$y=\tan x$	기함수
$y=x+1$	아무 것도 아님	$y=\sec x$	우함수

함수 구별

다음 함수형태가 우함수, 기함수, 일반함수인지 보이시오.

(1) $y = x + x^3$

(2) $y = x + x^2$

(3) $y = \dfrac{x}{x^2 - 1}$

(4) $y = \dfrac{1}{x - 1}$

(5) $y = \dfrac{x^2}{x^2 - 1}$

확률밀도함수 구별

다음 함수형태가 우함수, 기함수, 일반함수인지 보이시오.

(1) $y = x + x^3$

(2) $y = x + x^2$

(3) $y = \dfrac{x}{x^2 - 1}$

(4) $y = \dfrac{1}{x - 1}$

(5) $y = \dfrac{x^2}{x^2 - 1}$

2.2.8 특수한 함수

구간함수(function defined in pieces)

정의역의 구간에 따라 함수 형태가 다른 경우 이를 구간함수라 한다.

구간함수 예

$$y = f(x) = \begin{cases} -x & \text{for } x < 0 \\ x^2 & \text{for } 0 \le x \le 1 \\ 1 & \text{for } x > 1 \end{cases}$$

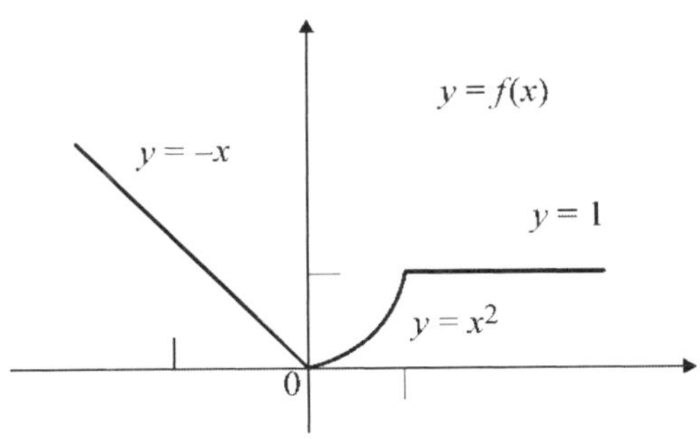

구간함수 예

다음 합성함수를 R에서 그리자.

$$y = \begin{pmatrix} 1-x & \text{if} & 0 \le x \le 1 \\ 2-x & \text{if} & 1 < x \le 2 \end{pmatrix}$$

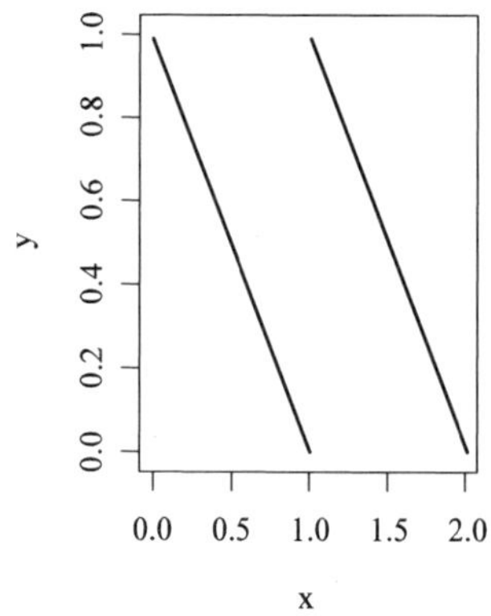


```
#composite function
x1=seq(0,1,0.1)
y1=1-x1
x2=seq(1,2,0.1)
y2=2-x2
plot(y1~x1,type='l',main=paste('composite function'),
     ylab='y',col='black',ylim=c(0,1),xlim=c(0,2))
lines(y2~x2,type='l',col='blue')
legend('topright', legend=c('y=1-x','y=2-x'),
       col=c('black','blue'), lty=1:2, cex=0.8)
```

합성함수(composite function)

함수 g와 f의 합성함수는 함수 $g(x)$가 함수 $f(x)$의 투입(x)으로 사용되는 함수이며 $f(g(x))$로 나타낸다. $fog(x)=f(g(x))$

합성함수

$g(x) = x^2$, $f(x) = x - 7$일 경우 $f(g(x))$ 함수를 구하고 $f(g(2))$을 계산하시오.

$$f(g(x)) = g(x) - 7 = x^2 - 7 \;\rightarrow\; f(g(2)) = 2^2 - 7 = -3$$

합성함수 그리기

다음 합성함수의 그래프를 R에서 그리자.

① $y = \begin{pmatrix} -x & \text{if } x \le 0 \\ \sqrt{x} & \text{if } x > 0 \end{pmatrix}$ ② $y = \begin{pmatrix} 1/x & \text{if } x < 0 \\ x^2 & \text{if } x \ge 0 \end{pmatrix}$

합성함수

$g(x)=x^2$, $f(x)=x-7$ 일 경우 $g(f(x))$ 함수를 구하고 $g(f(2))$을 계산하시오.

$$g(f(x))=f(x)^2=(x-7)^2 \;\rightarrow\; g(f(2))=(2-7)^2=25$$

정수함수(integer function)

$f(x)=\lfloor x \rfloor$는 x를 넘지 않는 최대 정수를 의미한다.

예제 $\lfloor 1.2 \rfloor=1$, $\lfloor 1.6 \rfloor=1$, $\lfloor 0 \rfloor=0$, $\lfloor -0.5 \rfloor=-1$, $\lfloor -2.7 \rfloor=-3$

정수함수 그리기

$f(x)=\lfloor x \rfloor$, $-3<x\le 3$ 함수의 그래프를 R에서 그리자.

누적분포함수(cumulative probability density function)

확률변수 X이고 확률밀도함수가 (PDF) $p(x)$인 경우, $-\infty$으로부터 임의의 x까지 확률을 누적시킨 함수를 누적확률분포함수라 한다. 기호는 $F(x)$이다.

$$F(x)=P(X\le x)$$

확률은 음수일 수 없으므로 누적분포함수 단조 증가함수(monotone increasing function)이다. 연속형 누적확률분포함수는 임의의 점까지의 적분값이다(적분 참고).

누적분포 함수 예

통계학에서 구간함수의 전형적인 예제는 이산형 누적 확률분포함수(cumulative PDF)이다. 그림은 Wikipedia에서 얻은 포아송 CDF 함수이다.

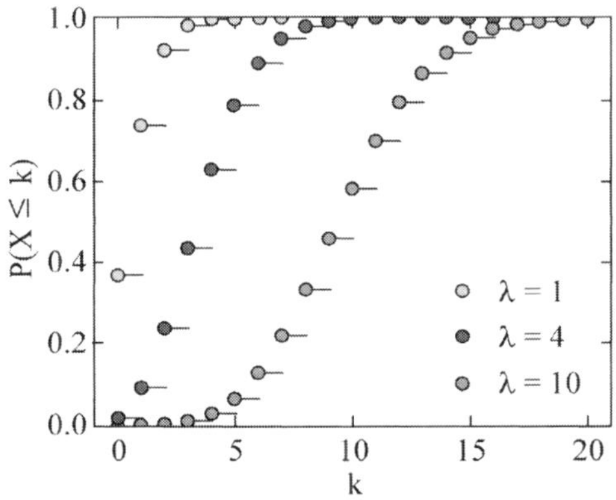

2.2.9 함수 사칙연산

함수 간 사칙연산은 숫자 사칙 연산과 동일하다.

함수연산	연산 내용
f	$(x+1)$
g	x^2
$f \pm g$	$f-g=1+x-x^2$, $f+g=1+x+x^2$
$f \circ g = g \circ f$	$f \circ g=(1+x)x^2=x^2(1+x)=g \circ f$
$\frac{g}{f}$	$\frac{g}{f}=\frac{x^2}{(x+1)}$, $x \neq -1$
$\frac{f}{g}$	$\frac{f}{g}=\frac{(x+1)}{x^2}$, $x \neq 0$
$f(g(x))$	$f(g(x))=(x^2+1)$
$g(f(x))$	$g(f(x))=(x+1)^2$

함수연산

1 $f(x)=x+1$, $g(x)=x-1$ 일 때 다음을 구하자.

① $f(g(0))$

② $g(f(0))$

③ $f(g(1))$

④ $g(f(1))$

2 $f(x)=2x-4$, $g(x)=x^2+2$ 일 경우 다음을 구하자.

① $f(g(0))$

② $g(f(0))$

③ $f(g(1))$ $f(f(2))$

④ $g(g(2))$

3 함수 $y=x-\lfloor x \rfloor$, for -3 ≤ x ≤ 3 을 그리자.

4 다음 마술을 함수로 나타내 보시오. 마음으로 숫자(x)를 생각하자. "그 숫자에 5를 더하고 2를 곱하자. 결과에 6을 빼고 2로 나눈 후 2을 다시 빼자. 이제 숫자를 말하자." 이 마술에서 숫자를 어떻게 맞출 수 있을까?

5 $f(x)$ 기함수, $f(x)$ 우함수일 경우, (1) 두 함수의 곱은 어떤 함수일까? (2) 두 함수의 합은?

6 $f(x)$ 기함수, $f(x)$ 기함수일 경우, (1) 두 함수의 곱은 어떤 함수일까? (2) 두 함수의 합은?

2.3 절대값

2.3.1 개념

숫자 x의 절대값 $|x|$(absolute value of x)는 다음과 같이 정의된다. 즉, 결과는 양의 값이다.

$$|x| = \begin{cases} x & \text{if } x \geq 0 \\ -x & \text{if } x < 0 \end{cases}$$

절대값

다음은 절대값 계산의 예제이다.

(1) $|3| = 3$

(2) $|0| = 0$

(3) $|-2| = 2$

(4) $|-1.5| = 1.5$

$|2x-3| = 7$ 의 해를 구하자.

$2x-3 = \pm 7$ 이므로 방정식 $2x-3=7$ 과 $2x-3=-7$ 의 해를 구하는 것이다.
그러므로 $x=5, x=-2$ 가 해이다.

절대값 수식

(1) $|-a| = |a|$

(2) $|ab| = |a||b|$

(3) $|a/b| = |a|/|b|$

절대값 수식

(1) $|-\sin x| = |\sin x|$

(2) $|-2x-10| = |-2(x+5)| = 2|x+5|$

(3) $|3/x| = 3/|x|$

2.3.2 삼각부등식

다음을 삼각부등식(triangle inequality)이라 한다.

$$|a+b| \le |a| + |b|$$

참고 a와 b의 부호가 다르면 $<$이 성립하고 그렇지 않으면 $=$이 성립한다.

삼각부등식

(1) $|-3+5| = |2| = 2 \le |-3| + |5| = 8$

(2) $|3+5| = 8 = |3| + |5| = 8$

(3) $|-3-5| = |-8| = 8 = |-3| + |-5| = 8$

참고 $|a-b| = |b-a|$

증명 $|a-b| = |-(b-a)| = |-1||b-a| = |b-a|$

2.3.3 절대값과 두 점 사이의 거리

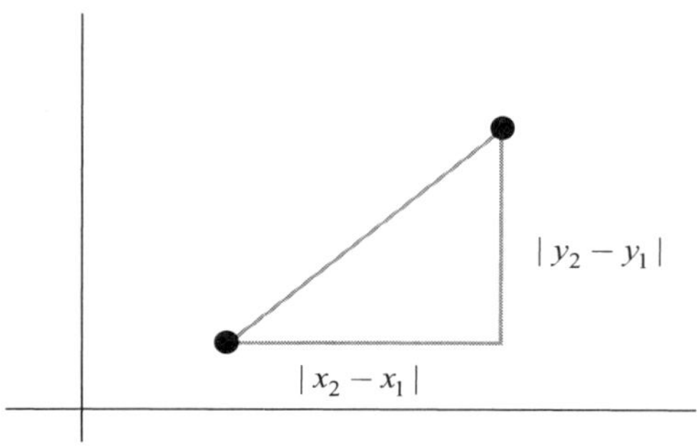

피타고라스 정리(Pythagorean Theorem)에 의해 두 점 P, Q 사이의 거리는

$$d = \sqrt{(x_2 - x_1)^2 + (y_2 - y_1)^2} \text{ 이다.}$$

삼각부등식

두 점 $P(-1,2)$, $Q(3,4)$ 의 거리를 구하자.

$$\sqrt{(3-(-1))^2+(4-2)^2}=\sqrt{16+4}=\sqrt{20}=2\sqrt{5}$$

2.3.4 절대값과 구간

만약 D가 양수이면 다음이 성립한다.

(1) $|a|<D \Leftrightarrow -D<a<D$, $|a|\le D \Leftrightarrow -D\le a\le D$

(2) $|a|>D \Leftrightarrow a>D, a<-D$, $|a|\ge D \Leftrightarrow a\ge D, a\le -D$

삼각부등식

다음 부등식(inequality)을 만족하는 x값을 구하자.

(1) $|x-5|<9 \Rightarrow -9<x-5<9 \Rightarrow -9+5<x<9+5 \Rightarrow -4<x<14$

(2) $\left|\frac{2x}{3}\right| \ge 1 \Rightarrow \frac{2x}{3}\ge 1, \frac{2x}{3}\le -1 \Rightarrow 3/2\le x, x\le -3/2$

(3) $\left|5-\frac{2}{x}\right|<1 \Rightarrow -1<5-\frac{2}{x}<1 \Rightarrow -6<-\frac{2}{x}<-4 \Rightarrow 6>\frac{2}{x}>4 \Rightarrow 3>\frac{1}{x}>2 \Rightarrow 1/3<x<1/2$

2.3.5 부등식 성질

(1) $a<b \Rightarrow a+c<b+c$

(2) $a<b \Rightarrow a-c<b-c$

(3) $a<b$ and $c>0 \Rightarrow ac<bc$

(4) $a<b$ and $c>0 \Rightarrow a/c<b/c$

(5) $a<b \Rightarrow -b<-a$

(6) $a<b \Rightarrow 1/a>1/b$ (단 a, b의 부호 동일)

부등식 성질

(1) 다음 방정식의 해를 구하자.

① $|2s+1|=9$

② $\left|\frac{s}{2}-1\right|=1$

(2) 다음 부등식에서 x에 대한 구간을 구하자.

① $\left|\frac{2x+1}{3}\right|<1$

② $|3x-7|\leq 2$

③ $|1-x|\geq 2$

2.4 극한 limiting

2.4.1 정의

임의의 $\varepsilon>0$가 주어졌을 때, 모든 x에 대해 $0<|x-x_0|<\delta \Rightarrow |f(x)-L|<\varepsilon$을 만족하는 $\delta>0$가 존재한다고 하자. 위의 조건을 만족하는 경우 x가 x_0가 가까워지면 (접근하면, approach $x\to x_0$), 함수 $f(x)$의 극한은 존재하며 극한값은 L이다.

$$\lim_{x\to x_0} f(x)=L$$

극한값과 함수값은 다르다. 아래 함수에서 x_0에서의 함수값은 $L1=f(x_0)$이다. 극한값은 좌극한이냐 우극한이냐에 따라 다르다. L2는 좌극한, L1은 우극한값이다. 함수값과 극한값이 일치하는 경우에 이를 연속함수라 한다. 아래 함수의 경우 x_0에서의 극한값은 존재하지 않는다.

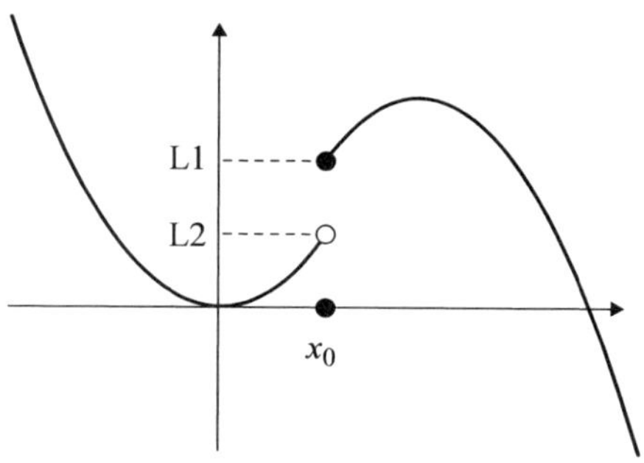

(Wikipedia, limit of function)

2.4.2 계산

주어진 ε에 대해 δ를 얻는 과정은 다소 지루할 뿐 이니라 강의 범주를 벗어나므로 다루지 않기로 한다. 대신 극한값을 구하는 데 필요한 개념과 규칙을 살펴 보자.

규칙 1 (1) $\lim_{x \to c} x = c$

(2) $\lim_{x \to c} k = k$ (k는 상수)

위의 규칙과 다음 규칙만 가지고 모든 다항식(polynomial)과 대부분의 유리함수(rational function), 그들의 사칙연산으로 얻어진 함수의 극한값을 얻을 수 있다.

(3) $\lim_{x \to c} f(x) = L_1$ 이고, $\lim_{x \to c} g(x) = L_2$ 일 때 다음이 성립한다.

① 합의 규칙: $\lim_{x \to c}[f(x) + g(x)] = L_1 + L_2$

② 차 규칙: $\lim_{x \to c}[f(x) - g(x)] = L_1 - L_2$

③ 곱 규칙: $\lim_{x \to c}[f(x)g(x)] = L_1 L_2$

④ 상수 곱의 규칙: $\lim_{x \to c}[kf(x)] = kL_1$

⑤ 나누기 규칙: $\lim_{x \to c}[\frac{f(x)}{g(x)}] = \frac{L_1}{L_2}$ 단, $L_2 \neq 0$

극한 계산 (1)

(1) $\lim_{x \to c} x^2 = \lim_{x \to c} xx = cc = c^2$ (곱의 규칙, $\lim_{x \to c} x = c$)

(2) $\lim_{x \to c} x^2 + 5 = \lim_{x \to c} xx + 5 = cc + 5 = c^2 + 5$ (곱의 규칙, 합의 규칙)

(3) $\lim_{x \to c} 4x^2 = \lim_{x \to c} 4xx = 4 \lim_{x \to c} xx = 4c^2$ (곱의 규칙, 상수 곱의 규칙)

(4) $\lim_{x \to c} x^3 - 1 = \lim_{x \to c} xxx - 1 = ccc - 1 = c^3 - 1$ (곱의 규칙, 차의 규칙)

(5) $\lim_{x \to c} \frac{x^3 - 1}{x^2 + 5} = \frac{\lim_{x \to c} x^3 - 1}{\lim_{x \to c} x^2 + 5} = \frac{c^3 - 1}{c^2 + 5}$ (나누기 규칙 and more)

규칙 2 다항식 $f(x) = a_n x^n + a_{n-1} x^{n-1} + \ldots + a_1 x^1 + a_0$ ($a_0, a_1, \ldots, a_n$ 은 상수)의 극한값은 $\lim_{x \to c} f(x) = f(c) = a_n c^n + a_{n-1} c^{n-1} + \ldots + a_1 c^1 + a_0$ 이다.

예 $f(x) = 4x^3 + x - 7$ $\lim_{x \to 1} 4x^3 + x - 7 = 4 + 1 - 7 = -3$

규칙 3 $f(x), g(x)$가 다항식이고 $g(c) \neq 0$이라면 $\lim_{x \to c} \frac{f(x)}{g(x)} = \frac{f(c)}{g(c)}$

극한 계산 (2)

(1) $\lim_{x \to 3} x^2(2-x) = 3^2(2-3) = -9$

(2) $\lim_{x \to 2} \frac{x^2+2x+4}{x+2} = \frac{2^2+2\times2+4}{2+2} = 3$

(3) $\lim_{x \to 2} \frac{x^3-8}{x^2-4} = \lim_{x \to 2} \frac{(x-2)(x^2+2x+4)}{(x-2)(x+2)} = \lim_{x \to 2} \frac{(x^2+2x+4)}{(x+2)} = \frac{2^2+2\times2+4}{2+2} = 3$

극한 값을 구할 때 분모가 0이 나오면 불능이므로 인수분해를 통하여 이 문제를 해결한 후 극한값을 구하게 된다.

L'Hôpital's rule(Bernoulli's rule)

만약 $\lim_{x \to c} \frac{f(x)}{g(x)} = \frac{f(c)}{g(c)} = \frac{0}{0}$ 인 경우 $\lim_{x \to c} \frac{f(x)}{g(x)} = \frac{f'(c)}{g'(c)}$ 이다.

미분을 이용하여 0/0(indeterminate form)인 형태의 극한 값을 구하게 된다.

극한 계산 (3)

(1) $\lim_{x \to 0} \frac{3x - \sin x}{x} = \frac{3 - \cos x}{1} |_{x=0} = 2$

(2) (분모가 0인 경우에는 한 번 더 적용)

$$\lim_{x \to 0} \frac{1-\cos x}{x+x^2} = \lim_{x \to 0} \frac{\sin x}{1+2x} = \frac{\cos x}{2} |_{x=0} = 1/2$$

위의 규칙은 $\frac{\infty}{\infty}$에도 적용 가능하다.

극한 계산 (4)

(1) $\lim_{x\to\infty}\frac{x-2x^2}{3x^2+5}=\lim_{x\to\infty}\frac{1-4x}{6x}=\lim_{x\to\infty}\frac{-4}{6}=-2/3$

극한 계산

(1) $\lim_{x\to 0}\frac{4-x}{3+x^2}$

(2) $\lim_{x\to -3}\frac{x+3}{x^2+4x+3}$

(3) $\lim_{x\to 1}\frac{x-1}{x^2-1}$

(4) $\lim_{x\to 2}\frac{2x-4}{x^3-2x^2}$

(5) $\lim_{x\to 2}\frac{x-2}{x^2-4}$

(6) $\lim_{x\to\infty}\frac{6x+5}{3x-8}$

(7) $\lim_{x\to 0}\frac{x\sin x}{1-\cos x}$

(8) $\lim_{x\to 0}\frac{\sin 5x}{x}$

2.4.3 우극한과 좌극한

x가 우측에서 c에 접근할 때의 극한값을 우극한(right-hand limit)이라 한다.

$$\lim_{x\to c+} f(x)$$

x가 좌측에서 c에 접근할 때의 극한값을 좌극한(left-hand limit)이라 한다.

$$\lim_{x\to c-} f(x)$$

규칙 4 $\lim_{x\to c} f(x)=L \Leftrightarrow \lim_{x\to c+} f(x)=L$ and $\lim_{x\to c-} f(x)=L$ (즉 $x=c$ 에서 극한이 존재한다는 것은 우극한값과 좌극한값이 동일하다는 것을 의미한다.)

좌극한, 우극한

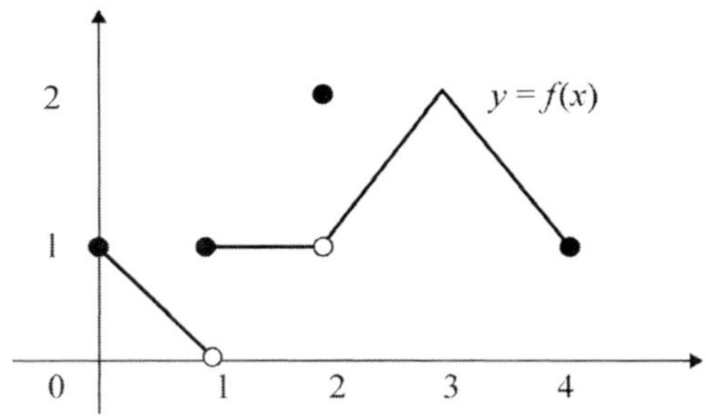

x = 0: $\lim_{x \to 0^+} = 1$ 우극한만 존재

x = 1: $\lim_{x \to 1^-} = 0$, $\lim_{x \to 1^+} = 1$, 극한 존재 않음

x = 2: $\lim_{x \to 2^-} = 1$, $\lim_{x \to 2^+} = 2$, 극한 존재 않음

x = 3: $\lim_{x \to 3^-} = 2$, $\lim_{x \to 3^+} = 2g$ 극한 존재(좌극한, 우극한 동일)

x = 4; $\lim_{x \to 4^-} = 1$ 좌극한만 존재

좌극한, 우극한

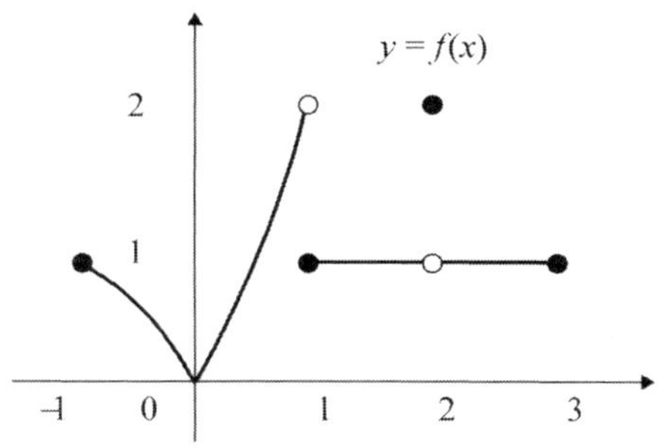

다음 중 옳은 것은?

(1) $\lim_{x \to -1^+} f(x) = 1$

(2) $\lim_{x \to -2} f(x)$ 는 존재하지 않는다.

(3) $\lim_{x \to 2} f(x) = 2$

(4) $\lim_{x\to -1^-} f(x) = 2$

(5) $\lim_{x\to 1^+} f(x) = 1$

(6) $\lim_{x\to 1} f(x)$ 는 존재하지 않는다.

(7) $\lim_{x\to 0^+} f(x) = \lim_{x\to 0^-} f(x)$

(8) 구간 $(-1,1)$ 에서 $\lim_{x\to c} f(x)$ 는 존재한다.

(9) 구간 $(1,3)$ 에서 $\lim_{x\to c} f(x)$ 는 존재한다.

다수 함수 극한

각 함수에 대해 (1) $\lim_{x\to\infty} f(x)$, (2) $\lim_{x\to -\infty} f(x)$, (3) $\lim_{x\to 0+} f(x)$, (4) $\lim_{x\to 0-} f(x)$를 구하자.

(1) $f(x) = \begin{cases} \frac{1}{x}, x < 0 \\ -1, x \ge 0 \end{cases}$

(2) $f(x) = \begin{cases} \frac{x-2}{x-1}, x \le 0 \\ \frac{1}{x^2}, x > 0 \end{cases}$

2.4.4 무한대 있는 극한

x가 무한대 ∞ 혹은 $-\infty$로 접근할 때 함수 $f(x)$의 극한을 구하는 규칙이다.

(1) $\lim_{x\to\infty} \frac{1}{x} = 0$, $\lim_{x\to -\infty} \frac{1}{x} = 0$

(2) $\lim_{x\to\infty} k = k$, $\lim_{x\to -\infty} k = k$ (k는 상수)

(3) 함수가 분수의 형태를 가지면 분모의 가장 큰 x차수로 나누고 위의 규칙을 이용하라.

무한대 극한

(1) $\lim_{x\to\infty}\left(5+\frac{1}{x}\right)=\lim_{x\to\infty}(5)+\lim_{x\to\infty}\left(\frac{1}{x}\right)=5+0=5$

(2) $\lim_{x\to\infty}\left(\frac{4}{x^2}\right)=4\lim_{x\to\infty}\left(\frac{1}{x^2}\right)=4\lim_{x\to\infty}\left(\frac{1}{x}\right)\lim_{x\to\infty}\left(\frac{1}{x}\right)=4\cdot 0\cdot 0=0$

(3) $\lim_{x\to\infty}\left(\frac{-x}{7x+4}\right)=\lim_{x\to\infty}\left(\frac{-1}{7+4/x}\right)=\frac{\lim_{x\to\infty}-1}{\lim_{x\to\infty}7+4/x}=\frac{-1}{7}$ (x로 나누기)

(4) $\lim_{x\to\infty}\left(\frac{2x^2-x+3}{3x^2+5}\right)=\lim_{x\to\infty}\left(\frac{2-1/x+3/x^2}{3+5/x^2}\right)=\frac{2-0+0}{3+0+0}=\frac{2}{3}$ (x^2 으로 나누기)

(5) $\lim_{x\to\infty}\left(\frac{5x+2}{2x^3-1}\right)=\lim_{x\to\infty}\left(\frac{5/x^2+2/x^3}{2-1/x^3}\right)=\frac{0+0}{2-0}=0$ (x^3 으로 나누기)

(6) $\lim_{x\to\infty}\left(\frac{2x^2-3}{7x+4}\right)=\lim_{x\to\infty}\left(\frac{2x-3/x}{7+4/x}\right)=\infty$ (x 으로 나누기)

(7) $\lim_{x\to\infty}\left(1+\frac{1}{x}\right)^x=e$, $\lim_{x\to\infty}\left(\frac{x}{e^x}\right)=0$ (참고)

무한대가 있는 극한

다음의 극한값을 구하자.

(1) $\lim_{x\to\infty}\left(1+\frac{1}{x^2}\right)$

(2) $\lim_{x\to\infty}\left(\frac{1}{x^3-4x+1}\right)$

(3) $\lim_{x\to\infty}\left(\frac{3x^2-6x}{4x-8}\right)$

(4) $\lim_{x\to\infty}\left(\frac{x+1}{x^2+3}\right)$

(5) $\lim_{x\to\infty}\left(\frac{2}{x}+1\right)\left(\frac{5x^2-1}{x^2}\right)$

(6) $\lim_{x\to\infty}\left(\frac{-x}{x+1}\right)\left(\frac{x^2}{5+x^2}\right)$

2.4.5 삼각함수 극한

다음은 삼각함수 극한값이다(증명은 Sandwich Theorem으로 할 수 있으나 본 강의에서는 다루지 않고 결과만 사용하겠다).

(1) $\lim_{x\to 0} \sin x = 0$

(2) $\lim_{x\to 0} \cos x = 1$

(3) $\lim_{x\to 0} \frac{\sin x}{x} = 1$

(4) $\lim_{x\to \infty} \frac{\sin x}{x} = 0$

삼각함수 극한

(1) $\lim_{x\to 0} \tan x = \lim_{x\to 0} \frac{\sin x}{\cos x} = \frac{0}{1} = 0$

(2) $\lim_{x\to 0} \frac{\sin 3x}{x} = \lim_{x\to 0} (\frac{\sin 3x}{3x})3 = 3\lim_{3x\to 0} (\frac{\sin 3x}{3x}) = 3$

(3) $\lim_{x\to 0} \frac{\tan x}{x} = \lim_{x\to 0} \frac{\sin x}{x}\frac{1}{\cos x} = 1\times 1 = 1$

(4) $\lim_{x\to \infty} \frac{\sin 2x}{x} = \lim_{x\to \infty} \frac{\sin 2x}{2x}\times 2 = 2\lim_{x\to \infty} \frac{\sin 2x}{2x} = 0$

(5) $\lim_{x\to \infty} x \sin\frac{1}{x} = \lim_{1/x\to 0} \frac{\sin(1/x)}{1/x} = 1$

2.4.6 극한과 연속함수

연속함수(continuous function) 정의

만약 함수 $f(x)$가 $x=c$에서 연속이면 다음이 성립하고, 다음이 성립하면 함수는 $x=c$ 연속이다.

(1) $f(c)$가 존재한다.

(2) 극한값 $\lim_{x\to c} f(x)$가 존재한다.

(3) $\lim_{x\to c} f(x) = f(c)$이다.

극한과 연속함수

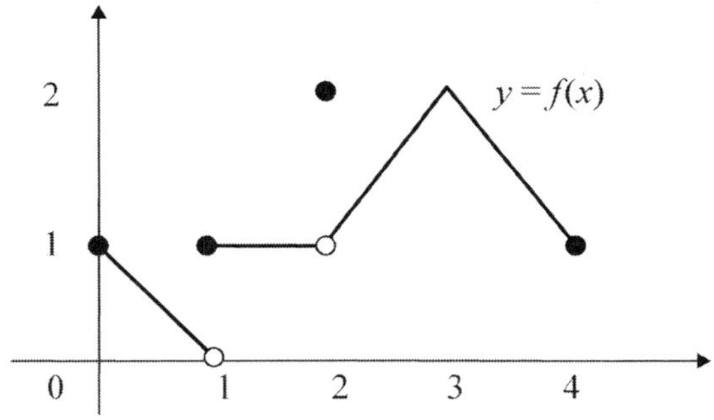

(1) $x=0$ 연속, $f(0)=1, \lim_{x\to 0^+} f(x)=1$

(2) $x=1$ 불연속(discontinuous), 극한 존재하지 않음

(3) $x=2$ 불연속, $f(2)=2, \lim_{x\to 2} f(x)=1$

(4) $x=3$ 연속, $f(3)=2, \lim_{x\to 3} f(x)=2$

(5) $1 \le x \le 4$ 나머지 점에서는 연속

연속함수와 미분

미분 가능하면 연속이나, 연속이라고 미분 가능한 것은 아니다. 앞의 그래프에서 $x=3$ 에서는 연속이나 미분 가능(꺾인 점)하지는 않다.

연속함수의 결합함수는 연속이다. 함수 f, g 가 연속이면, $f(g(x)), g(f(x))$ 모두 연속이다.

$\sin(\sqrt{x^2+1})$ 는 연속함수이다. $(x^2+1), \sqrt{x}, \sin(x)$ 는 모두 연속함수이기 때문이다.

연속에 대한 연산

함수 f, g 가 각각 $x=c$ 에서 연속이면, 다음 각 연산 결과도 연속이다.

(1) 합: $f+g$

(2) 차이: $f-g$

(3) 곱: $f \times g$

(4) 상수 곱: $k \times f$

(5) 비율: $\dfrac{f}{g}$, 단 $g \ne 0$

무한대가 있는 극한

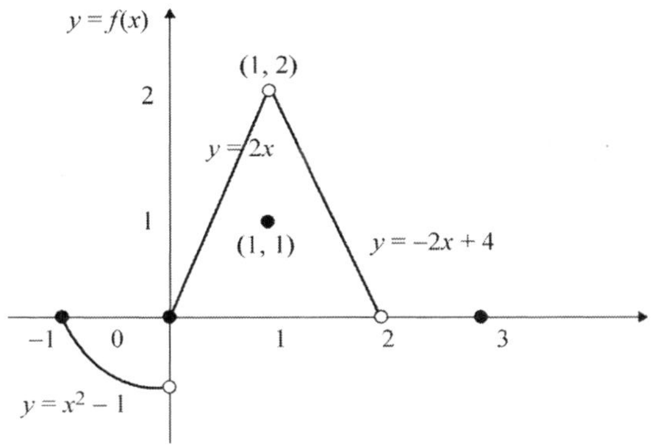

(1) $x=1$에서 f는 연속인가?

(2) $\lim_{x\to1+} f(x)$, $\lim_{x\to1-} f(x)$, $\lim_{x\to1} f(x)$를 구하자.

(3) $\lim_{x\to2+} f(x)$, $\lim_{x\to2-} f(x)$, $\lim_{x\to2} f(x)$를 구하자.

(4) 함수 f가 연속인 x의 범위를 구하자.

함수 최대값, 최소값

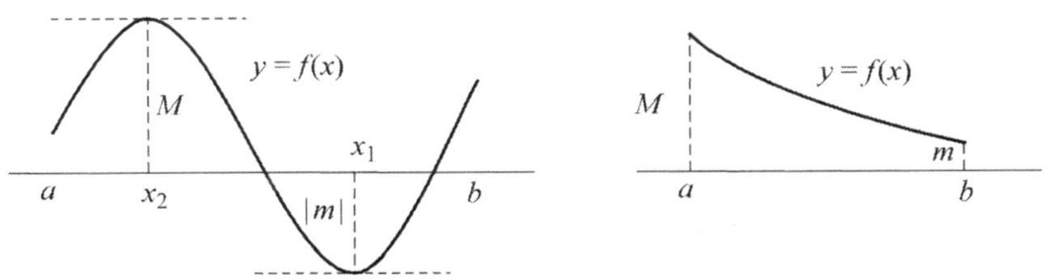

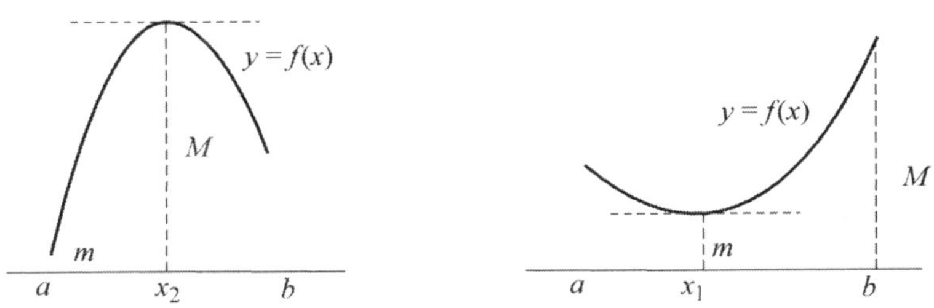

연습문제

1 다음 함수를 R에서 그리자.

(1) 함수 $y = -\sqrt{x+4}$ 그래프를 그리자.

(2) 함수 $y = \dfrac{1}{\sqrt{2x+3}}$ 그래프를 그리자.

2 교차점 및 직선 구하기

(1) 함수 $y = \sqrt{2-x}$, $x \le 2$ 와 직선 $y - 2x = -1$ 의 교차점을 구하자.

(2) (1)에서 구한 교차점과 점 (0, 1)을 지나는 직선을 구하자.

(3) (1)의 두 그래프와 (2)의 직선을 한 화면에 그리는 R 스크립트(script)를 작성하시오.

3 다음의 극한을 구하자.

(1) $\lim_{x \to 1} \dfrac{x^2 + x - 2}{1 - x^2}$

(2) $\lim_{x \to -\infty} \dfrac{3x^2 + x - 2}{1 - 4x^2}$

(3) $\lim_{x \to 2} \dfrac{x^2 + 7x + 10}{x - 2}$

(4) $\lim_{x \to 2} \dfrac{x^3 - 8}{x^2 - 4}$

(5) $\lim_{x \to \infty} \dfrac{x - 2x^2}{3x^2 + 5}$

(6) $\lim_{x\to\infty}\frac{(3x+4)^3}{2x^3+x^2-1}$

(7) $\lim_{x\to\infty}\left(\frac{2-x}{x+3}-\frac{x^2-2}{x^2+2}+\frac{2x^2+1}{x^3}\right)$

(8) $\lim_{x\to 0}\frac{x}{|x|}$

4 연수함수이기 위한 상수 a 구하기

(1) 아래 함수가 $x=3$에서 연속(continuous)이기 위한 상수 a를 구하자.

$$f(x)=\begin{cases}x^2-1, x<3\\ 2ax, x\geq 3\end{cases}$$

(2) 아래 함수가 $x=1/2$에서 연속이기 위한 상수 a를 구하자.

$$f(x)=\begin{cases}x^3, x<1/2\\ ax^2, x\geq 1/2\end{cases}$$

5 연속 함수인가?

아래 함수는 $x=1$에서 연속인가? 이유를 밝히시오.

$$f(x)=\begin{cases}\frac{1-x^2}{1-x}, x\neq 1\\ 2, x=1\end{cases}$$

6 연속 함수인가?

함수 $f(x)=\frac{x^2-1}{2x+4}$에서 다음의 극한을 구하자.

(1) $\lim_{x\to -2^-} f(x)$

(2) $\lim_{x\to -2^+} f(x)$

(3) $\lim_{x \to -\infty} f(x)$

(4) $\lim_{x \to --\infty} f(x)$

7 극한과 연속

$$f(x) = \begin{cases} 3 - x, x < 2 \\ 2, x = 2 \\ x/2, x > 2 \end{cases}$$

(1) $x = 2$ 에서 좌극한을 구하자.

(2) $x = 2$ 에서 우극한을 구하자.

(3) $x = 2$ 에서 극한값을 구하자.

(4) $x = 2$ 에서 연속인가?

8 극한과 연속

$$f(x) = \begin{cases} 3 - x, x < 2 \\ x/2 + 1, x > 2 \end{cases}$$

(1) $x = 2$ 에서 좌극한을 구하자.

(2) $x = 2$ 에서 우극한을 구하자.

(3) $x = 2$ 에서 극한값을 구하자.

9 O, X 문제

다음 함수에 대하여 각 문항에 ○, ×로 답하시오.

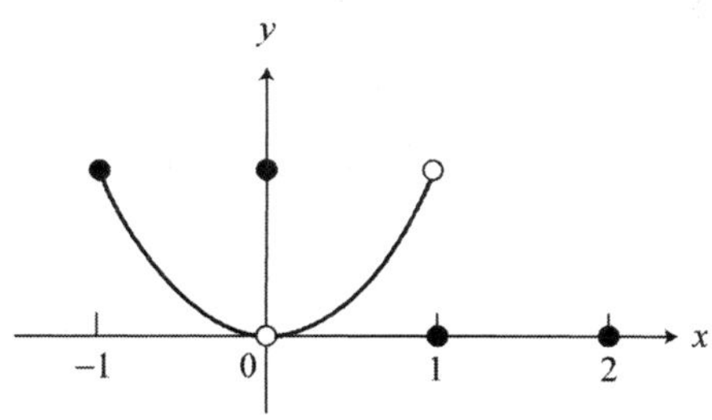

(1) $\lim_{x \to 0-} f(x) = 0$

(2) $\lim_{x \to 0+} f(x) = 0$

(3) $\lim_{x \to 0} f(x) = 0$

(4) $\lim_{x \to 1-} f(x) = 1$

(5) $\lim_{x \to 1+} f(x) = 1$

(6) $\lim_{x \to 1} f(x) = 1$

Chapter

03

미분

3.1 미분
3.2 특수함수 미분
3.3 연쇄법칙
3.4 잠재미분
3.5 미분 응용

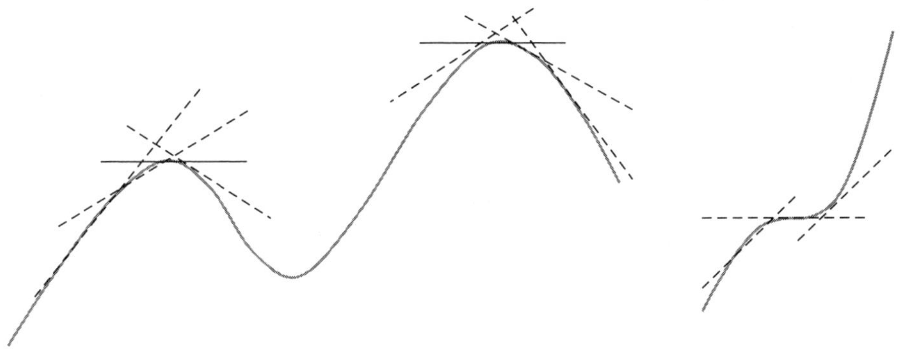

미분은 함수의 임의의 점에서의 접선 기울기이다. 미분이 가능한 함수를 미분가능(differential) 함수라 하고 미분값을 구하는 과정을 미분(differentiation)이라 한다. 미분가능한 함수는 다항함수, 로그함수, 지수함수, 삼각함수 등으로 통계학에서 주로 사용하는 함수이다. 그리고 미분가능한 함수들의 사칙연산에 의해 얻어지는 함수 또한 미분가능하다.

미분가능하면 연속이지만 연속함수라고 미분가능한 것은 아니다. 선이 꺾인 점이나 변곡점은 미분가능하지 못하기 때문이다. 옆 그래프는 (a, b)에서 연속이지만, 점에서는 미분가능하지 않다. 미분은 주어진 점에서의 접선 기울기이므로 접선은 무수히 존재한다.

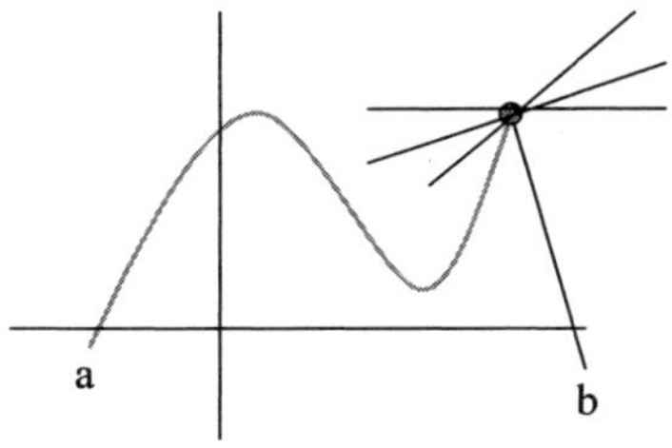

3.1 미분

3.1.1 정의

함수 $f(x)$의 임의의 점 x에서 미분 f', $\dfrac{df}{dx}$는 다음과 같이 정의한다.

$$f'(x) = \lim_{h \to 0} \frac{f(x+h) - f(x)}{h}$$: Fermat's Difference Quotient

위의 값이 존재하면 점 x에서 함수 f는 미분가능하다고 한다. 만약 함수 f의 모든 정의역에서 미분가능하면 함수 f는 미분가능(differentiable)하다고 한다.

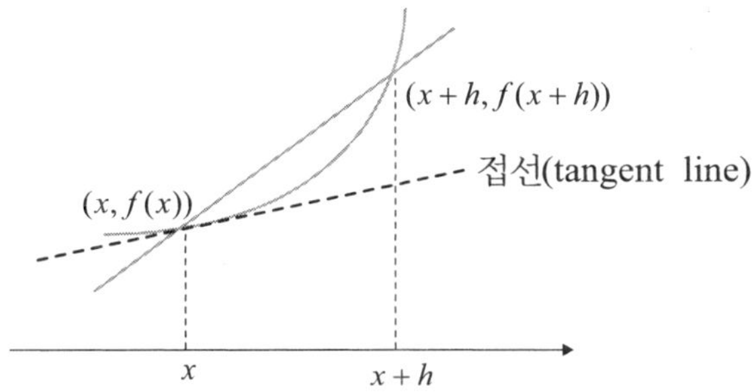

임의의 x에서 미분값 $f'(x)$은 x에서의 접선 기울기(tangent line slope)이다.

3.1.2 미분 규칙

규칙 1 만약 c가 상수이면 $\frac{d}{dx}(c)=0$

규칙 2 만약 n이 양의 정수이면 $\frac{d}{dx}(x^n)=nx^{n-1}$

규칙 3 규칙 2는 n이 음의 정수인 경우에도 성립한다.

미분 예제

1 $y=5$의 미분 $\frac{dy}{dx}$을 구하시오.

풀이 $\frac{d}{dx}(5)=0$

2 $y=x^4$의 미분 $\frac{dy}{dx}$을 구하시오.

풀이 $\frac{d}{dx}(x^4)=4x^3$

3 $y=\frac{1}{x}$의 미분 $\frac{dy}{dx}$을 구하시오.

풀이 $\frac{d}{dx}(x^{-1})=-1x^{-1-1}=-\frac{1}{x^2}$

4 $y = \frac{4}{x^3}$ 의 미분 $\frac{dy}{dx}$ 을 구하시오.

풀이 $\frac{d}{dx}(4x^{-3}) = -12x^{-4} = -12\frac{1}{x^4}$

규칙 4 $u(x)$ 가 x 의 함수이고 미분가능하며, c 가 상수이고 n 이 양의 정수인 경우 다음이 성립한다.

(1) $\frac{d}{dx}(cu) = c\frac{d}{dx}(u)$ 간편 기호: $(cu)' = c(u)'$

(2) $\frac{d}{dx}(cx^n) = cnx^{n-1}$ 간편 기호: $(cx^n)' = cn(x)^{n-1}$

(3) $\frac{d}{dx}(cu^n) = cnu^{n-1}\frac{d}{dx}(u)$ 간편 기호: $(cu^n)' = cn(u)^{n-1}(u)'$

미분 예제

1 $y = 3x^2$ 의 미분 $\frac{dy}{dx}$ 을 구하시오.

풀이 $\frac{d}{dx}(3x^2) = 3\frac{d}{dx}(x^2) = 6x$

2 $y = 5(x^2 - 2x)^2$ 의 미분 $\frac{dy}{dx}$ 을 구하시오.

풀이 $\frac{d}{dx}(5(x^2 - 2x)^2) = 5\frac{d}{dx}((x^2 - 2x)^2)$

$= 5\frac{d}{dx}((x^2 - 2x)^2) = 5 * 2(x^2 - 2x)(2x - 2) = 10(x^2 - 2x)(2x - 2)$

3 $y = 5(x^2 - 2x)^2$ 의 미분 $\frac{dy}{dx}$ 을 구하시오.

풀이 $\frac{d}{dx}(5(x^2 - 2x)^2) = 5\frac{d}{dx}((x^2 - 2x)^2)$

$= 5\frac{d}{dx}((x^2 - 2x)^2) = 5 * 2(x^2 - 2x)(2x - 2) = 10(x^2 - 2x)(2x - 2)$

R에서 미분하기

```
#y=3x^2
f=expression(3*x^2)
D(f,'x')
#y=5(^2-2x)^2
f=expression(5*(x^2-2*x)^2)
D(f,'x')
```

```
> #y=3x^2
> f=expression(3*x^2)
> D(f,'x')
3 * (2 * x)
> #y=5(^2-2x)^2
> f=expression(5*(x^2-2*x)^2)
> D(f,'x')
5 * (2 * ((2 * x - 2) * (x^2 - 2 * x)))
```

규칙 5 만약 $u(x)$, $v(x)$ 모두 x의 함수이고 미분가능하다면

$$\frac{d}{dx}(u \pm v) = \frac{d}{dx}(u) \pm \frac{d}{dx}(v) \quad \text{(합 미분)}$$

$$[\text{간편 기호}] \ \frac{d}{dx}(u \pm v) = u' \pm v'$$

미분 예제

1 $y = x^4 + 12x$ 의 미분 $\frac{dy}{dx}$ 을 구하시오.

풀이 $\frac{d}{dx}(y) = 4x^3 + 12$

2 $y = \frac{7}{3}x^3 - 3x^2 - 5$ 의 미분 $\frac{dy}{dx}$ 을 구하시오.

풀이 $\frac{d}{dx}(y) = 7x^2 - 6x$

3 $y = x^4 - 2x^2 + 2$ 는 기울기가 0인 접선을 갖는가? 그렇다면 어디인가?

풀이 $\frac{d}{dx}(y) = 4x^3 - 4x = 0$ 이므로 $4x(x^2 - 1) = 0$ 이다.

$4x(x-1)(x+1) = 0$ 이므로 해는 $x = 0, x = 1, x = -1$ 이다.

$(-1, 1)$, $(0, 2)$, $(1, 1)$ 세 점에서 접선의 기울기는 0이다.

R에서 다차원함수 해 구하기

```
#polynomial equation root
#y=4x^3-4x
polyroot(c(0,-4,0,4))
```

```
> polyroot(c(0,-4,0,4))
[1]  0+0i  1+0i -1+0i
```

$i=\sqrt{-1}$ 의 앞에 0이므로 해는 0, 1, -1이다.

```
#install.packages('rootSolve')
library(rootSolve)
f=function(x)(4*x^3-4*x)
roots=multiroot(f, c(-2,0,2))
print(roots$root)
```

```
> print(roots$root)
[1] -1  0  1
```

3.1.3 다차 미분

(1) 2차 미분(second derivative): $y''=\dfrac{d^2y}{dx^2}$ (y double prime, d squared y dx squared)

(2) 3차 미분(third derivative): $y'''=\dfrac{d}{dx^3}(y''')$ (y triple prime)

(3) n차 미분(nth derivative): $y^{(n)}=\dfrac{d}{dx^n}(y^{(n)})$ (y super n)

미분 예제

$y=x^3-3x^2+2$ 을 다차 미분하시오.

풀이 $\dfrac{d}{dx}(y)=7x^2-6x$

$y'=3x^2-6x$

$y''=6x-6$

$y'''=6$

$y^{(4)}=0$

만약 $f'(c)=0, f''(c)<0$ 이면 함수 f는 점 c에서 (local) 최대값을 갖고 $f'(c)=0$, $f''(c)>0$ 이면 (local) 최소값, $f'(c)=0, f''(c)=0$ 이면 변곡점이다.

R에서 미분하기

```
#y=x^3-3x^2+2
f=expression(x^3-3*x^2+2)
D(f,'x') #1차 미 분
D(D(f,'x'),'x') #2차 미 분
```

```
> #y=x^3-3x^2+2
> f=expression(x^3-3*x^2+2)
> D(f,'x') #1차미분
3 * x^2 - 3 * (2 * x)
> D(D(f,'x'),'x') #2차미분
3 * (2 * x) - 3 * 2
```

3.1.4 미분 규칙 2

규칙 6 만약 $u(x)$, $v(x)$ 모두 x의 함수이고 미분가능하다면

$$\frac{d}{dx}(uv) = \frac{d}{dx}(u) * v + u * \frac{d}{dx}(v) \quad \text{(곱 미분)}$$

$$\text{간편 기호 } \frac{d}{dx}(uv) = u'v + uv'$$

미분 예제

$y = (x^2+1)(x^3+3)$ 의 미분 $\frac{dy}{dx}$ 을 구하시오.

풀이 $\frac{dy}{dx} = (x^2+1)(3x^2) + (2x)(x^3+3) = 5x^4 + 3x^2 + 6x$

규칙 7 만약 $u(x)$, $v(x)$ 모두 x의 함수이고 미분가능하고 $v \neq 0$ 이면

$$\frac{d}{dx}\left(\frac{u}{v}\right) = \frac{\frac{du}{dx}v - u\frac{dv}{dx}}{v^2}$$

미분 예제

1 $y = \frac{(x^2-1)}{(x^2+1)}$ 의 미분 $\frac{dy}{dx}$ 을 구하시오.

풀이 $\frac{dy}{dx} = \frac{(x^2+1)(2x) - (x^2-1)(2x)}{(x^2+1)^2} = \frac{4x}{(x^2+1)^2}$

2 $y=\dfrac{(x-1)(x^2-2x)}{x^4}$ 의 미분 $\dfrac{dy}{dx}$ 을 구하시오.

풀이 $y=\dfrac{x^3-3x^2+2x}{x^4}=\dfrac{x^3}{x^4}-\dfrac{3x^2}{x^4}+\dfrac{2x}{x^4}=\dfrac{1}{x}-\dfrac{3}{x^2}+\dfrac{2}{x^3}$

$$\frac{dy}{dx}=-\frac{1}{x^2}+\frac{6}{x^3}-\frac{6}{x^4}$$

R에서 미분하기

```
#y=(x^2-1)/(x^2+1)
f=expression((x^2-1)/(x^2+1))
D(f,'x') #1차미분
```

```
> f=expression((x^2-1)/(x^2+1))
> D(f,'x') #1차미분
2 * x/(x^2 + 1) - (x^2 - 1) * (2 * x)/(x^2 + 1)^2
```

1차 미분

다음 함수의 1차 미분 $\dfrac{dy}{dx}$ 을 구하시오.

(1) $y=2x^2-4x-8$

(2) $y=\dfrac{x^3}{3}+\dfrac{x^2}{2}-5$

(3) $y=(x-1)(3-x^2)$

(4) $y=(x+\dfrac{1}{x})(x-\dfrac{1}{x})$

(5) $y=\dfrac{(x^2-1)}{(x^2+x-2)}$

(6) $y=(1-x)(1+x^2)^{-1}$

(7) $y=\dfrac{3}{x^2}$

(8) $y=\dfrac{5}{3x}$

(9) $y=\frac{(x^3+7)}{x}$

(10) $y=\frac{x}{1+x^2}$

(11) $y=x^2(x+1)(1-x^2)$

최대값, 최소값 구하기

1 다음 함수의 미분 $\frac{dy}{dx}$ 을 구하시오.

(1) $y=-\frac{3}{x^7}$

(2) $y=x+1+\frac{1}{x}$

(3) $y=x^2(x+5+\frac{1}{x})$

(4) $y=(1-x)(1+x^2)^{-1}$

(5) $y=x(x-1)(x+1)$

(6) $y=\frac{x^5}{120}$

2 함수 $y=ax^2+bx+c$ 는 점 (1,2)를 지나고 원점 (0,0)에서 접선이 $y=x$ 일 경우 a,b,c 를 구하시오.

3.1.5 미분값

함수를 미분한 후 임의의 값 x를 대입하여 얻은 값을 미분값이라 한다.

미분 예제

만약 u, v가 x의 함수이고 미분가능, $u(0)=5, u'(0)=-3, v(0)=-1, v'(0)=2$일 경우 $x=0$ 에서 다음을 구하시오.

(1) $\frac{d}{dx}(uv)|_{x=0}=u'v+uv'|_{x=0}=-3*(-1)+5*2=13$

(2) $\frac{d}{dx}(\frac{u}{v})|_{x=0} = \frac{u'v - uv'}{v^2}|_{x=0} = \frac{-3*(-1) - 5*2}{(-1)^2} = -7$

(3) $\frac{d}{dx}(3u - 2v)|_{x=0} = 3u' - 2v'|_{x=0} = 3*(-3) - 2*(2) = -13$

함수미분

u, v가 x의 함수이고 미분가능하며 $u(1)=2, u'(1)=0, v(1)=5, v'(1)=0$ 일 경우 $x=1$ 에서 함수의 미분값을 구하시오.

(1) $\frac{d}{dx}(uv)$

(2) $\frac{d}{dx}(\frac{v}{u})$

(3) $\frac{d}{dx}(\frac{u}{v})$

(4) $\frac{d}{dx}(7v - 2u)$

3.2 특수함수 미분

3.2.1 로그함수 미분

$u(x)$는 x의 함수일 때 밑(base)이 a인 로그함수(logarithm function)의 미분은 다음과 같이 정의한다.

$$\frac{d(\log_a u(x))}{dx} = (\log_a e)\frac{u'(x)}{u(x)}$$

특수한 경우 (1) $\frac{d(\log_a x)}{dx} = (\log_a e)\frac{1}{x}$

(2) $\frac{d(\ln u(x))}{dx} = \frac{u'(x)}{u(x)}$

(3) $\frac{d(\ln x)}{dx} = \frac{1}{x}$

아래 문제는 3.3절 연쇄법칙 이후 풀기 바란다.

로그함수 미분

1 $f(x) = 2\ln(3x^2 - 1)$ 을 미분하시오.

풀이 $f' = 2\frac{1}{3x^2 - 1}(6x)$ (연쇄법칙 활용) $f' = \frac{12x}{3x^2 - 1}$

2 $f(x) = \ln(1-2x)^3$ 을 미분하시오.

풀이 $f' = \frac{1}{(1-2x)^3}3(1-2x)^2(-2)$ (연쇄법칙 활용) $f' = \frac{-6}{(1-2x)}$

R에서 미분하기

```
#y=2ln(3x^2-1)
f=expression(2*log(3*x^2-1))
D(f,'x') #1차미분
```

```
> f=expression(2*log(3*x^2-1))
> D(f,'x') #1차미분
2 * (3 * (2 * x)/(3 * x^2 - 1))
```

로그함수 미분

다음 로그함수를 미분하시오.

(1) $y = \ln 2x$

(2) $y = \ln x^2$

(3) $y = 3\log_7(x^2 + 1)$

R에서 미분하기

```
f=expression(log(2*x))
D(f,'x') #1차미분
```

```
2/(2 * x)
```

3.2.2 지수함수 미분

$u(x)$는 x의 함수일 때 지수함수(exponential function)의 미분은 다음과 같이 정의한다.

$$\frac{d(a^{u(x)})}{dx} = \ln(a)u(x)u'(x)$$

특수한 경우 (1) $\frac{d(a^x)}{dx} = (\ln a)a^x$

(2) $\frac{d(e^{u(x)})}{dx} = e^{u(x)}u'(x)$

(3) $\frac{d(e^x)}{dx} = e^x$

아래 문제는 3.3절 연쇄법칙 이후 풀기 바란다.

지수함수 미분

1 $f(x) = 2^x$ 을 미분하시오.

풀이 $f' = \ln 2 \cdot 2^x$

2 $f(x) = 3^x + 3x^2$ 을 미분하시오.

풀이 $f' = \ln 3 \cdot 3^x + 6x$

3 $f(x) = e^x 2^x$ 을 미분하시오.

풀이 $f' = e^x 2^x + e^x \cdot \ln(2) \cdot 2^x = e^x 2^x (1 + \ln 2)$

R에서 미분하기

```
#y=3^x +3x^2
f=expression(3^x+3*x^2)
D(f,'x') #1차 미 분

3^x * log(3) + 3 * (2 * x)
```

지수함수 미분

다음 지수함수를 미분하시오.

(1) $f(x)=\dfrac{e^x}{(2x-3)}$

(2) $f(x)=e^{(x^2+2)}$

(3) $f(x)=\log_{10}(4x^2-x+2)$

(4) $f(x)=(2e^{x^2}+x^2)^3$

(5) 다음은 평균 θ인 지수확률밀도함수이다. $f(x)=\dfrac{1}{\theta}e^{-x/\theta}$ 이를 미분하시오.

R에서 미분하기

```
#y=e^(x^2+2)
f=expression(exp(x^2+2))
D(f,'x') #1차 미 분

exp(x^2 + 2) * (2 * x)
```

3.2.3 삼각함수 미분

(1) $\dfrac{d}{dx}\sin x=\cos x$

(2) $\dfrac{d}{dx}\cos x=-\sin x$

(3) $\dfrac{d}{dx}\tan x=\sec^2 x$

(4) $\dfrac{d}{dx}\cot x=-\csc^2 x$

(5) $\dfrac{d}{dx}\sec x=\sec x\tan x$

(6) $\dfrac{d}{dx}\csc x=-\csc x\cot x$

삼각함수 미분

다음 삼각함수를 미분하시오.

(1) $\dfrac{\cos x}{x}$

(2) $\sin x \cos x$

(3) $x \sin x + \cos x$

(4) $\dfrac{1}{x} + 5\sin x$

(5) $\dfrac{4}{\cos x}$

R에서 미분하기

```
#y=sin(x)cos(x)
f=expression(sin(x)*cos(x))
D(f,'x') #1차 미 분

cos(x) * cos(x) - sin(x) * sin(x)
```

3.3 연쇄법칙

앞 절에서 언급한 미분규칙과 미분 절차를 이용하면 $\sin(x)$, (x^2-4), (x^2+x), e^x 등의 함수를 미분할 수 있다. 그러면 함수 $\sin(x^2-4)$, e^{x^2+x} 는 미분할 수 있는가? 이때 필요한 규칙이 연쇄법칙(chain rule)이다.

연쇄법칙 예제

1 함수 $y = 6x - 10$ 을 미분하시오.

① $y = 2(3x-5)$

② $y = 2u$, $u = (3x-5)$

③ $\dfrac{dy}{du} = 2$, $\dfrac{du}{dx} = 3$

④ $\frac{dy}{du}\frac{du}{dx} = 6 = \frac{dy}{dx}$

2 함수 $y = \sin(x^2 - 4)$를 미분하시오.

① $y = \sin(u)$, $u = (x^2 - 4)$

② $\frac{dy}{du} = \cos(u)$, $\frac{du}{dx} = 2x$

③ $\frac{dy}{dx} = \frac{dy}{du}\frac{du}{dx} = \sin(u)2x = 2\sin(x^2 - 4)x$

3.3.1 연쇄법칙

함수 $y = f(u)$, $u = g(x)$가 모두 미분가능하다면 $\frac{dy}{dx} = \frac{dy}{du}\frac{du}{dx}$ 이다.

혹은 $\frac{dy}{dx}|_x = \frac{dy}{du}\frac{du}{dx}|_x$ 이다.

연쇄법칙

1 함수 $y = \cos\left(\frac{\pi}{2} - 3x\right)$의 $x = 0$에서 미분값을 구하시오.

$$y = \cos u, \quad u = \frac{\pi}{2} - 3x$$

$$\frac{dy}{dx}|_{x=0} = \frac{dy}{du}\frac{du}{dx}|_{x=0} = -\sin(u)(-3)|_{x=0} = -\sin(\pi/2 - 3x)(-3)|_{x=0} = 3$$

2 함수 $y = \sin^5 x$를 미분하시오.

$$y = u^5, \quad u = \sin x$$

$$\frac{dy}{dx} = \frac{dy}{du}\frac{du}{dx} = 5u^4(\cos x) = 5\sin^4 x\cos x$$

3 함수 $y = (2x+1)^{-3}$을 미분하시오.

$$y = u^{-3}, \quad u = 2x + 1$$

$$\frac{dy}{dx} = \frac{dy}{du}\frac{du}{dx} = -3u^{-4}(2) = -6(2x+1)^{-4}$$

4 함수 $y = e^{-x}$을 미분하시오.

$$y = e^u,\quad u = -x$$

$$\frac{dy}{du} = e^u,\quad \frac{du}{dx} = -1 \quad \text{그러므로} \quad \frac{dy}{dx} = \frac{dy}{du}\frac{du}{dx} = e^{-x}(-1) = -e^{-x}$$

5 함수 $y = e^{x^2+x}$ 을 미분하시오.

$$y = e^u,\quad u = (x^2 + x)$$

$$\frac{dy}{du} = e^u,\quad \frac{du}{dx} = 2x + 1$$

$$\text{그러므로} \quad \frac{dy}{dx} = \frac{dy}{du}\frac{du}{dx} = e^{(x^2+x)}(2x+1)$$

3.3.2 안-바깥 규칙

연쇄법칙을 사용하면 치환하는 복잡한 과정을 거친다. 이를 계산이 용이하게 함수의 형태를 안과 바깥을 구별하고, 바깥 부분을 먼저 미분하고 안 부분을 미분하여 서로 곱하는 방법을 안-바깥 규칙(inside-outside rule)이라 한다.

$$\frac{dy}{dx} = f'(g(x)) \circ g'(x)$$

예제 $\frac{d}{dx}\sin(x^2 + x) = \cos(x^2 + 2)(2x + 1)$

안 (↑ $x^2 + x$), (1) 바깥 미분 (↑ $\cos$)

바깥 (↓ $\sin$), (2) 안 그대로 (↓ $x^2 + 2$), (3) 안 미분 (↓ $2x + 1$)

연쇄법칙

1 함수 $y = (2x+1)^{-3}$ 을 미분하시오.

$$\frac{dy}{dx} = -3(2x+1)^{-4}(2) = -6(2x+1)^{-4}$$

2 함수 $y = \sin(-x)$ 를 미분하시오.

$$\frac{dy}{dx} = \cos(-x)(-1) = -\cos(x)$$

3 함수 e^{x^2+x} 을 미분하시오.

$$\frac{dy}{dx} = e^{(x^2+x)}(2x+1)$$

3.3.3 반복 사용

연쇄법칙은 두 번 이상 사용할 수 있다.

예제

함수 $y = e^{(3x-1)^2}$ 을 미분하시오.

$$\frac{dy}{dx} = e^{(3x-1)^2}[(3x-1)^2]') = e^{(3x-1)^2}\, 2(3x-1)3$$

즉 $\frac{dy}{dx} = e^{(3x-1)^2}\, 2(3x-1)3 = 6(x-3)e^{(3x-1)^2}$

연쇄법칙

다음 함수의 1차 미분을 ($f' = \frac{df}{dx}$ 혹은 $y' = \frac{dy}{dx}$) 구하시오.

(1) $f(x) = (4-3x)^9$

(2) $y = (\frac{x}{2} - 1)^{-10}$

(3) $f(x) = (\frac{x}{5} + \frac{1}{5x})^5$

(4) $y = \sin(x^2)$

(5) $y = \sin^3(x)$

(6) $y = \frac{(5-x)}{(x^2+1)^2}$

(7) $y = \sin^2(\cos(2x-5))$

(8) $y = 2e^{-3(\frac{x-2}{4})^2}$

(9) $y = (1 + x - \frac{1}{x})^{-4}$

연쇄법칙 활용

주어진 x 값에서 $[f \circ g(x)]' = [f(g(x))]' = f'(g(x))g'(x)$ 를 구하시오.

(1) $f(u) = u^5 + 1, u = g(x) = \sqrt{x}$, $x = 1$

(2) $f(u) = 1 - \frac{1}{u}, u = g(x) = \frac{1}{1-x}$, $x = 1$

예제

주어진 x 에서 미분값을 구하시오.

x	$f(x)$	$g(x)$	$f'(x)$	$g'(x)$
2	8	2	3	−3
3	3	−4	2	1

(a) $y = 2f(x)$, $x = 2$

$$y'|_{x=2} = 2f'(x)|_{x=2} = 2f'(2) = 2*3 = 6$$

(b) $y = f(x)g(x)$, $x = 3$

$$y'|_{x=3} = f'(x)g(x) + f(x)g'(x)|_{x=3} = f'(3)g(3) + f(3)g'(3) = 2*(-4) + 3*1 = -5$$

(c) $y = \frac{f(x)}{g(x)}$, $x = 2$

$$y'|_{x=2} = \frac{f'(x)g(x) - f(x)g'(x)}{g^2(x)}|_{x=2} = \frac{f'(2)g(2) - f(2)g'(2)}{g^2(2)} = \frac{3*2 - 8*(-3)}{(-4)^2} = \frac{30}{16} = \frac{15}{8}$$

(d) $y = \sqrt{f(x)}$, $x = 2$

$$y'|_{x=2} = \frac{1}{2}(f(x))^{-\frac{1}{2}} * f'(x)|_{x=2} = \frac{1}{2}(f(2))^{-\frac{1}{2}} * f'(2) = \frac{1}{2}(\frac{1}{8^{1/2}}) * 3 = \frac{3}{\sqrt{2}}$$

(e) $y = \frac{1}{g^2(x)}$, $x = 3$

$$y'|_{x=2} = g^{-2}(x)|_{x=3} = -2g^{-3}(x) * g'(x)|_{x=3} = -2g^{-3}(3) * g'(3) = -2\frac{1}{g^3(3)} * 1 = \frac{1}{32}$$

연쇄법칙

주어진 x값에서 미분을 구하시오.

x	$f(x)$	$g(x)$	$f'(x)$	$g'(x)$
0	1	1	5	1/3
1	3	−4	−1/3	−8/3

(a) $y = f(x)g^3(x)$, $x = 0$

(b) $y = \dfrac{f(x)}{g(x)+1}$, $x = 1$

(c) $y = f(g(x))$, $x = 0$

(d) $y = f(x + g(x))$, $x = 0$

(e) $y = (x^{11} + f(x))^{-2}$, $x = 1$

3.4 잠재미분

함수를 $y=f(x)$ 식으로 쉽게 표현할 수 없을 때 사용하는 미분 방법을 잠재미분(implicit differentiation)이라 한다. 잠재미분 절차를 예제 중심으로 설명하여 보자.

예제

함수 $2y = x^2 + \sin y$ 에 대해 $\dfrac{dy}{dx}$ 를 구하시오.

함수를 x에 대해 미분한다. $\dfrac{d}{dx}(2y) = \dfrac{d}{dx}(x^2 + \sin y)$ 이므로 $2\dfrac{dy}{dx} = 2x + \cos y\dfrac{dy}{dx}$

$\dfrac{dy}{dx}$ 항을 한 쪽으로 모은다. $2\dfrac{dy}{dx} - \cos y\dfrac{dy}{dx} = 2x$

$\dfrac{dy}{dx}$ 로 인수분해한다. $(2 - \cos y)\dfrac{dy}{dx} = 2x$

$\dfrac{dy}{dx}$ 에 대해 푼다. $\dfrac{dy}{dx} = \dfrac{2x}{(2 - \cos y)}$

잠재미분

$\dfrac{dy}{dx}$ 를 구하시오.

(1) $x^2y + xy^2 = 6$

(2) $2xy + y^2 = x + y$

(3) $x^3 - xy + y^3 = 1$

(4) $(3x + y)^2 = 2y^3$

양변을 로그(ln) 변환하여 잠재미분하시오.

(5) $y = x^{\sin x}$

(6) $y = (1-x)^2(x+1)^4$

(7) $y = 3x^2e^{-x}$

3.5 미분 응용

3.5.1 최대값과 최소값

지역(local)과 절대(absolute)의 의미

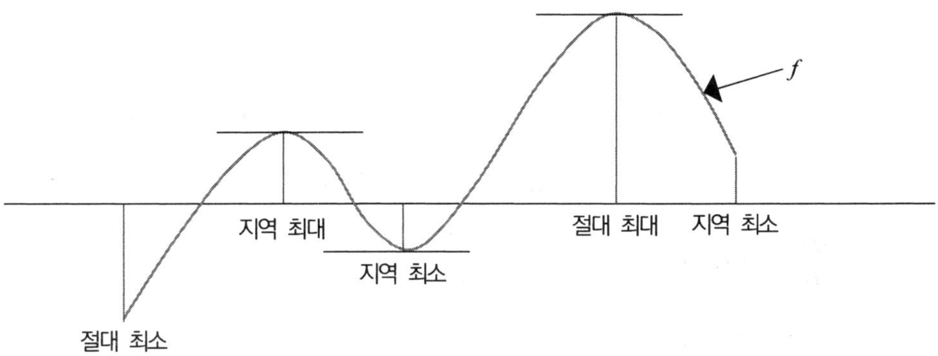

1차 미분 정리

함수 f가 일정 구간 안의 모든 점에서 미분가능하고 구간 내 임의의 점 c에서 1차 미분이 0이면, ($f'(c)=0$) 함수 f는 점 c에서 지역 최대값이나 최소값을 갖는다.

증가함수와 감소함수 정의

만약 $x_2 > x_1 \Rightarrow f(x_2) > f(x_1)$ 이면 $f(x)$ 는 증가함수이다(정의).

$x_2 > x_1 \Rightarrow f(x_2) < f(x_1)$ 이면 $f(x)$ 는 감소함수이다(정의).

1차 미분과 증가함수 관계 정리

함수 f에 대해 $f' > 0$ 이면 증가함수이고 $f' > 0$ 이면 감소함수이다.

1차 미분 y'

1차 미분이 0인 점에서 최대, 최소 혹은 변곡이 발생한다.

2차 미분 y''

1차 미분(기울기)의 변화율이므로 기울기가 감소하면 2차 미분값은 음이고 기울기가 증가하면 2차 미분값은 양이다.

오목성(Concavity)

만약 y' 의 기울기가 감소하면 함수 f는 concave down ($f'' < 0$), 만약 y' 의 기울기가 증가하면 함수 f는 concave up ($f'' > 0$) 이라 한다. 만약 concavity가 변하는 점이 있으면, 이 점을 변곡점(inflection point)이라 한다. 변곡점에서는 $y'' = 0$ 이 성립한다.

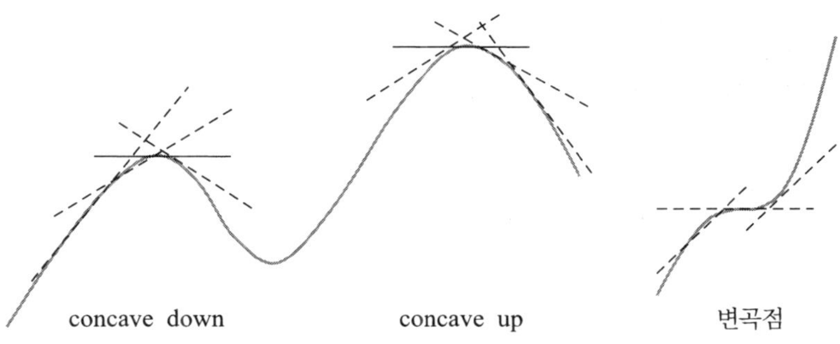

1차 미분과 2차 미분을 이용한 최대, 최소

만약 $f'(c)=0$ 이고 $f''(c)<0$ 이면 함수 f는 점 c 에서 (지역) 최대값을 갖는다.

만약 $f'(c)=0$ 이고 $f''(c)>0$ 이면 함수 f는 점 c에서 (지역) 최소값을 갖는다.

만약 $f'(c)=0$ 이고 $f''(c)=0$ 이면 함수 f는 점 c에서 변곡점이다.

최대값, 최소값

함수 $y=\frac{x^3}{3}-\frac{x^2}{2}-2x+\frac{1}{3}$ 의 최대값, 최소값, 변곡점이 있는지 알아보고 있다면 $(x, f(x))$ 를 구하시오.

먼저 R을 이용하여 그래프를 그려보자.

```
#원함수 그리기
f=function(x) (x^3/3 -x^2/2 -2*x+1/3)
curve(f, -4, 4, ylab = "y=f(x)",col='blue')
abline(0,0,v=0)
```

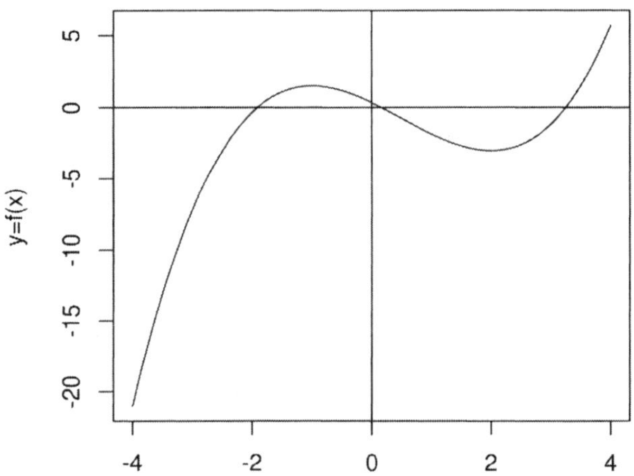


```
library(rootSolve)
roots=multiroot(f, c(-4,0,4)) #함수 해 구하기
print(roots$root)

> print(roots$root)
[1] -1.9118693  0.1608894  3.2509799
```

(1) 1차 미분이 0인 값을 구한다.

$y'=x^2-x-2=0$ 이므로 $x=-1,2$ 이다.

```
#미분
g=function(x) {}
body(g)=D(body(f), 'x'); body(g)
curve(g, -4, 4, ylab = "y\'",col='green')
abline(0,0,v=0)
```

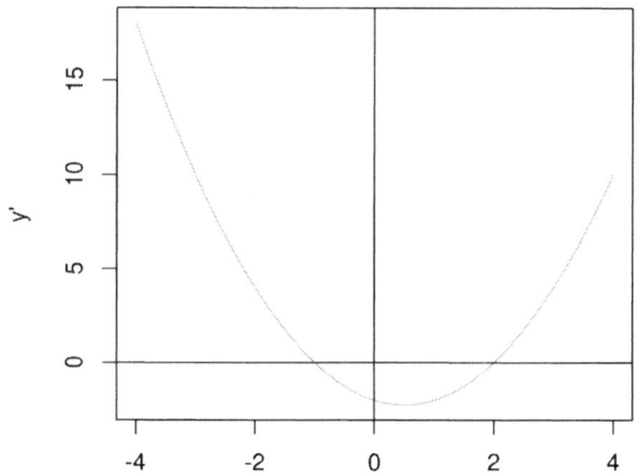

```
roots=multiroot(g, c(-4,4)) #함수 해 구하기
roots$root
```

```
[1] -1  2
```

(2) 2차 미분을 구하고 1차 미분이 0인 곳에서 2차 미분값을 구한다.

$y'' = 2x - 1$

$x = -1$ 에서 $y''|_{x=-1} = -3$ 이므로 최대값 $y = 3/2$

$x = 2$ 에서 $y''|_{x=2} = 3$ 이므로 최소값 $y = -3$

```
#2차 미분
g2=function(x) {}
body(g2)=D(body(g), 'x'); body(g2)
```

```
3 * (2 * x)/3 - 2/2
```

표준정규분포 최대값

먼저 표준정규분포의 R을 이용하여 그래프를 그리고, 최대값이나 최소값이 있으면 구하시오.

정규분포 확률밀도함수 $f(x) = \frac{1}{\sqrt{2\pi}\sigma} e^{-\frac{(x-\mu)^2}{2\sigma^2}}$ (평균 $= \mu$, 표준편차 $= \sigma$)

표준정규분포는 평균=0, 표준편차=1인 경우 $f(x)=\frac{1}{\sqrt{2\pi}}e^{-\frac{x^2}{2}}$

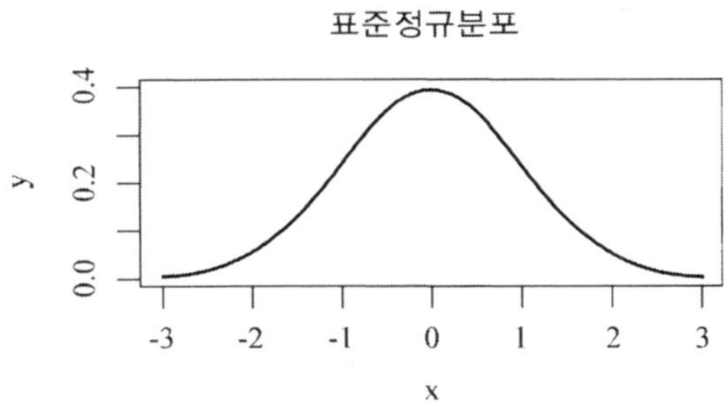

미분하면 $f'=\frac{1}{\sqrt{2\pi}}e^{-\frac{x^2}{2}}(-x)=0 \Rightarrow x=0,-\infty,\infty$

2차 미분하면 $f''=-\frac{1}{\sqrt{2\pi}}e^{-\frac{x^2}{2}}+\frac{1}{\sqrt{2\pi}}e^{-\frac{x^2}{2}}x^2$

$x=0$ 에서 2차 미분값 $f''(x=0)<0$; 최대값 $1/\sqrt{2\pi}$

최대값, 최소값 구하기

다음 함수에 대하여 R을 이용하여 그래프를 그리고 (local) 최대값, (local) 최소값, 변곡점이 있는지 알아보고 있다면 $(x, f(x))$ 를 구하시오.

(1) $y=x^2-4x+3$

(2) $y=2x^4-4x^2+1$

(3) $y=2x^3-3x^2$

(4) $y=x^3-x$

(5) $y=4+3x-x^3$

(6) $y=x^4-2x^2$

(7) $y=x-\sin x, 0\le x\le 2\pi$

3.5.2 자유낙하법칙

자유낙하법칙에 의하면 떨어진 거리 s, 시간 t 사이에는 다음 식이 존재한다.

$$s(t)=\frac{1}{2}gt^2=4.9t^2(m) \quad (\text{중력: } g=9.8(m/\text{sec}) \text{ Gravity})$$

미분 응용

자유낙하 후 15m 거리에 도달하는 데 걸리는 시간과 3초 후 도달하는 거리는 얼마인가?

$15 = 4.9t^2$ 으로부터 시간 $t = 1.75$ (초)이다.

$s = 4.9(3)^2$ 으로부터 거리 $s = 44.1$ (m)이다.

미분 응용

속력(velocity): 자유낙하를 시작하여 t초가 경과한 후 속력은 얼마인가?

$v(t) = \lim_{\Delta t \to 0} \frac{s(t+\Delta t) - s(t)}{\Delta t} = s'(t)$ 이고 속도(speed)는 속력의 절대값이다.

3초 후 속력은 $s' = 9.8t$ 로부터 $v(3) = s'(3) = 39.4$ (m/sec)이다.

미분 응용

가속도(acceleration): 물체가 얼마나 빨리 속력을 높이나(혹은 줄이나) 측정하는 것이 가속력인데, 이는 거리함수의 2차 미분값이다. 거리 함수가 $s(t)$인 경우 가속도는 $a = s''(t) = \frac{d^2 s}{dt^2}$ 이다.

미분 응용

다이너마이트 폭발 후 바위는 수직으로 $s = 160t - 16t^2$ 에 도달한다.

(1) 얼마나 높이 올라갈까?

$\frac{ds}{dt} = 160 - 32t = 0$ 이므로 $t = 5$ (초후) 최고의 높이에 이른다.

그 때 높이는 $s(5) = 160 * 5 - 16 * 5^2 = 400$

(2) 256 높이에 있을 때 바위의 속력은?

높이가 256일 때 시간은 $s(t) = 160t - 16t^2 = 256$ 이므로 $16(t-2)(t-8) = 0$ 로부터 $t = 2$초와 8초이다.

속력 $v(t) = \frac{ds}{dt} = 160 - 32t$ 이므로 $v(2) = 160 - 32 * 2 = 96$,

$v(8) = 160 - 32 * 8 = -96$ (음의 의미는 떨어짐)

미분 응용

도로의 과속방지 카메라도 미분의 응용이다. 도로 바닥에 일정한 간격으로 2개의 와이어 루프가 설치되어 있다. 두 와이어 감지선 사이 거리는 약 25m이다. 감지선으로부터 20~30m 떨어진 카메라는 첫 감지선 통과할 때 시각과 두 번째 감지선을 통과할 때 시각을 잰 후 차이를 구한다. 이 차의 속도는 $\frac{\Delta s}{\Delta t} = \frac{25m}{\Delta t}$ 이다. 만약 0.1초 만에 통과한 차량의 속도는?

$\frac{25m}{0.1초} = \frac{25*10*60/1000(km)}{시간}$ = 시속 120km 속도이다.

미분 응용

달에서 바위를 수직으로 24m/sec 속력으로 던지면 t초 후 높이 $s = 34t - 0.8t^2$ 이 된다고 한다.

(1) 바위의 속력과 가속력을 구하시오.

(2) 바위가 지상에서 가장 높이 올라갈 때까지 걸리는 시간과 그 때의 높이를 구하시오.

(3) 바위가 300m에 있을 때 순간 속력을 구하시오.

3.5.3 경제학 응용

경제학에서 미분은 한계값(marginal value)이라 불린다. A회사에서 냉장고를 생산하는데 소요되는 비용함수를 $c(x)$라 하자. x는 제품 생산량이다. $c(x)$나 $f(x)$의 의미는 같다. 둘 다 x의 함수라는 것이다. 비용이 cost이므로 c를 사용한 것뿐이다.

경제학에서 효용(utility)은 소비자가 재화나 서비스를 소비할 때 느끼는 주관적인 만족을 의미한다. 효용함수(utility function)는 재화 혹은 서비스 소비량 x과 효용의 관계를 함수 형태로 나타낸 것으로 $u(x)$로 나타낸다. u가 함수의 f이다.

$\frac{c(x+h)-c(x)}{h}$ 의 의미는 제품을 x만큼 생산하고 있는 생산 라인에서 제품을 h만큼 더 생산할 때 비용의 평균 비용 증가량이다. $h \to 0$ 일 때 이를 x서 한계 비용(marginal cost)이라 한다.

$\frac{u(x+h)-u(x)}{h}$ 의미는 재화를 x만큼 소비하는 소비자가 h만큼 더 소비할 때 평균 효용 증가량이다. $h \to 0$ 일 때 이를 x서 한계 효용(marginal utility)이라 한다. Cobb Douglas 생산함수 $Y = f(L,K) = AL^{\alpha}K^{\beta}$ 를 보자. L은 노동력 투입량, K는 자본 투입량이고, α, β 는 탄력계수이다. 그러므로 생산량 Y는 L, K의 함수이다.

편미분

함수 f가 x만의 함수가 아니라 여러 변수의 함수일 때 각 변수에 대해 미분을 하면 편미분(partial differentiation)한다고 한다. 편미분의 경우 해당변수를 제외하고 다른 변수는 상수로 간주한다. 편미분 기호는 ∂ 이다.

y가 (x, w, z)의 함수 $y = f(x, w, z)$ 이다. x의 편미분은 다음과 같이 정의한다.

(기호) $\frac{\partial y}{\partial x} = \frac{\partial f(x,w,z)}{\partial x}$ (정의) $\frac{\partial y}{\partial x} = \lim_{h \to 0} \frac{f(x+h,w,z) - f(x,w,z)}{(x+h)}$

편미분

Cobb-Douglas 함수 $Y = f(L, K) = AL^{\alpha} K^{\beta}$ 는 L과 K의 함수이다.

L의 편미분(노동 한계 생산량), K의 편미분(자본 한계 생산량)을 구하시오.

$$\frac{\partial Y}{\partial L} = \alpha AK^{\beta} L^{\alpha-1}, \quad \frac{\partial Y}{\partial K} = \beta AL^{\alpha} K^{\beta-1}$$

한계 비용

A회사에서 냉장고를 생산하는 데 드는 비용함수가 $c(x) = x^3 - 6x^2 + 15x$ 라 하자. 현재는 하루에 10개 생산하고 있다. 이 경우 하나를 더 생산하는 데 드는 비용은 얼마일까? (단위: 만 원)

$c'(x) = \frac{d}{dx}(x^3 - 6x^2 + 15x) = 3x^2 - 12x + 15$

$c'(10) = 3(10)^2 - 12(10) + 15 = 195$ 즉 초과 비용은 195(만 원)이다.

경제학 미분 응용

책상을 만드는 회사의 수익 함수는 $r(x) = 2000(100 - x^2 + 30x)$ 이다. x는 생산량이다.

(1) 다섯 개 생산에서 여섯 개 생산으로 늘리면 수익은 얼마나 증가하는가?

(2) 최대 수익을 얻으려면 생산량을 얼마나 늘려야 하는가?

3.5.4 통계학 응용(OLS 추정치)

미분이 통계학에 사용되는 예를 들어 보자. 미분은 함수의 최대값이나 최소값을 구하는 경우에 사용된다.

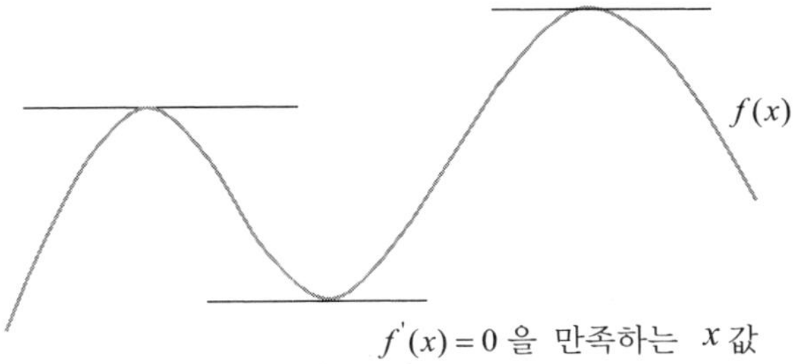

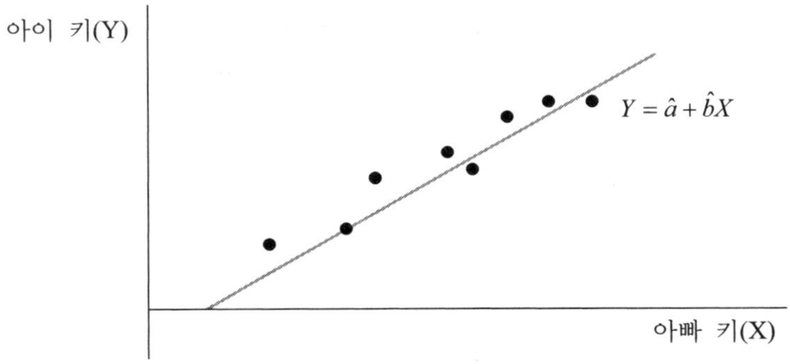

어떤 직선이 가장 적합한가? 회귀모형 $Y=a+bX+e$에서 오차항의 제곱합 $\min_{a,b}(e)^2 = \min_{a,b}(Y-a-bX)^2$ 을 최소화하는 회귀계수 (a,b)를 OLS(Ordinary Least Square, 최소자승법) 추정치라 한다. 기호로는 $(\hat{a},\hat{b})$ 으로 나타낸다.

$Q(a,b)=\min_{a,b}(Y-a-bx)^2$ 는 (a,b) 의 함수이므로 함수를 최소화하는 a, b를 구하면 된다. 이는 함수 $Q(a,b)$ 을 (a,b) 에 대해 미분하여 0이라 놓고 방정식을 풀면 된다. 즉 $\frac{\partial f}{\partial a}=0$, $\frac{\partial f}{\partial b}=0$ 을 만족하는 a와 b가 최소자승법 추정치 $(\hat{a},\hat{b})$ 가 된다.

최소자승 추정치

$Q(a,b)$ 을 (a,b) 에 대해 편미분하여 각각을 0으로 하여 연립방정식을 푼다.

정규방정식(normal equation):

$$\frac{\partial Q}{\partial \alpha}=-2\sum_{i=1}^{n}(y_i-\hat{\alpha}-\hat{\beta}x_i)=0\ , \quad \frac{\partial Q}{\partial \beta}=-2\sum_{i=1}^{n}x_i(y_i-\hat{\alpha}-\hat{\beta}x_i)=0$$

정규방정식에서 α,β 의 해를 구하면 다음과 같고 이를 OLS 추정치라 한다.

$$\hat{\beta} = \frac{\sum (x_i - \overline{x})(y_i - \overline{y})}{\sum (x_i - \overline{x})^2}, \quad \hat{\alpha} = \overline{y} - \hat{\beta}\overline{x}$$

표준정규분포 최대값

표준정규분포함수 $f(x) = \frac{1}{\sqrt{2\pi}} e^{-x^2/2}$ 의 최빈값(mode)을 구하시오.

일차 미분: $f'(x) = \frac{1}{\sqrt{2\pi}} e^{-x^2/2} \times (-x) = 0$, $x = 0$ 이 해이다.

이차 차분: $f'(x) = \frac{1}{\sqrt{2\pi}} (e^{-x^2/2} \times (-x)^2 - e^{-x^2/2})|_{x=0} = -\frac{1}{\sqrt{2\pi}} < 0$

그러므로 $x = 0$ 에서 최대값을 가지므로 최빈값은 $f(x) = \frac{1}{\sqrt{2\pi}}$ 이다.

통계학 응용

함수 $f(b) = E(X - b)^2$ 을 최소화하는 b가 $E(X)$임을 보이시오.

R에서 함수 적합 (최소자승법)

```
#curve fitting
#create data frame
x=seq(1:15)
y=c(3, 14, 23, 25, 23, 15, 9, 5, 9, 13, 17, 24, 32, 36, 46)
data=data.frame(x,y)
#curve fitting
fit1=lm(y~x,data)
fit2=lm(y~poly(x,2,raw=TRUE),data)
fit3=lm(y~poly(x,3,raw=TRUE),data)
fit5=lm(y~poly(x,5,raw=TRUE),data)
#residual squares sum
sum(fit1$residuals^2);sum(fit2$residuals^2)
sum(fit3$residuals^2);sum(fit5$residuals^2)
```

5차 다항식 적합 잔차 제곱합이 가장 작아 최적 적합 함수이다.

```
> sum(fit1$residuals^2);sum(fit2$residuals^2)
[1] 1277.943
[1] 828.2716
> sum(fit3$residuals^2);sum(fit5$residuals^2)
[1] 340.2666
[1] 58.11457
```

```
#create a scatter plot of x vs. y
plot(data$x,data$y,main=paste('scatterplot'),pch=16)
x_axis <- seq(1, 15, length=15)
#add curve of each model to plot
lines(x_axis, predict(fit1, data.frame(x=x_axis)), col='blue')
lines(x_axis, predict(fit2, data.frame(x=x_axis)), col='red')
lines(x_axis, predict(fit3, data.frame(x=x_axis)), col='purple')
lines(x_axis, predict(fit5, data.frame(x=x_axis)), col='black')
```

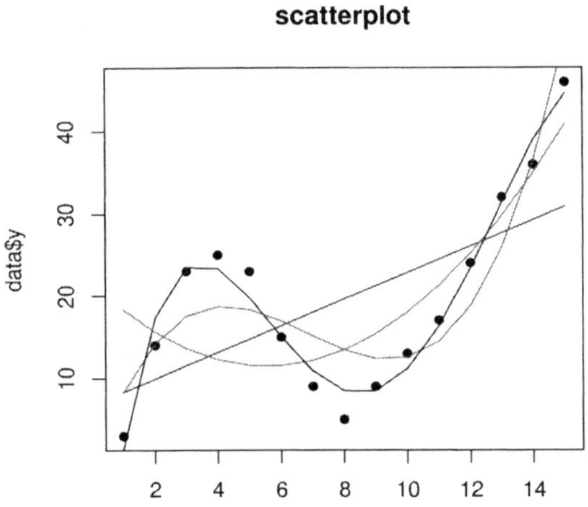

R에서 이론 모형 적합 (최소자승법)

본 예제는 다음의 사이트 내용을 요약한 것이다.

https://martinlab.chem.umass.edu/r-fitting-data/

데이터는 다음의 사이트에서 받을 수 있다.

https://martinlab.chem.umass.edu/misc/R/ExpDataRTutorial.csv

```
> str(ExpDataRTutorial)
spec_tbl_df [41 x 2] (S3: spec_tbl_df/tbl_df/tbl/data.frame)
 $ t     : num [1:41] 0 1 2 3 4 5 6 7 8 9 ...
 $ fluorI: num [1:41] 10.14 8.36 6.77 5.36 4.48 ...
```

이론 모형(지수 모형): $F = Ae^{-\frac{t}{\tau}}$, 모수 A(초기 F값, t=0), τ (부패율)이고 F(형광 수명)는 t(시간)의 함수이다.

```
#모형 추정
eDecay <- function(t, ampl, tau) (ampl*exp(-t/tau))
model <- nls(fluorI ~ eDecay(t,myA,myT),
             data=ExpDataRTutorial, start=list(myA=10,myT=5))
summary(model)
```

초기 F값은 10, 부패율은 5로 하였다.

```
> summary(model)

Formula: fluorI ~ eDecay(t, myA, myT)

Parameters:
     Estimate Std. Error t value Pr(>|t|)
myA   9.5239     0.2294   41.52   <2e-16 ***
myT   6.2702     0.2308   27.16   <2e-16 ***
---
Signif. codes:  0 ‘***’ 0.001 ‘**’ 0.01 ‘*’ 0.05 ‘.’ 0.1 ‘ ’ 1
```

추정 모형: $F = 9.5239e^{-\frac{t}{6.27}}$

```
#데이터 산점도&적합선
plot(ExpDataRTutorial$t,ExpDataRTutorial$fluorI,
     main=paste('scatterplot'),pch=16)
lines(ExpDataRTutorial$t,predict(model),col='blue')
```

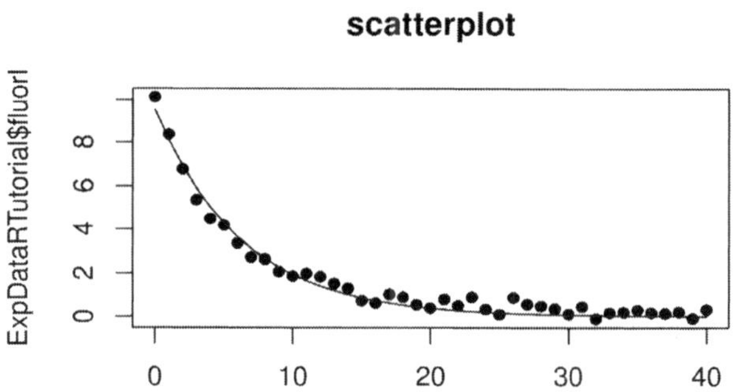

3.5.5 상대 변화율

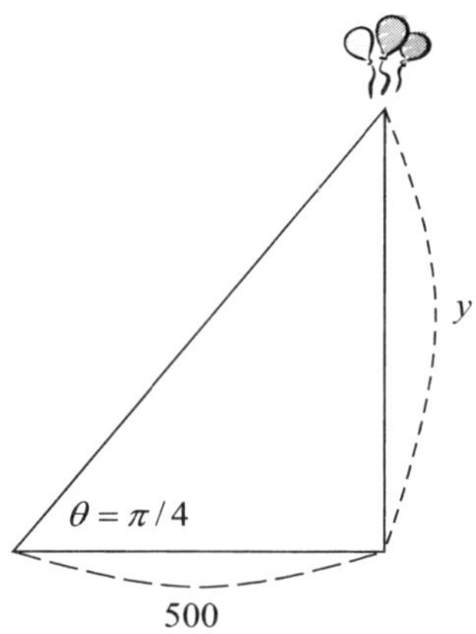

예제를 중심으로 상대 변화율이 어떤 개념이고 어디에 적용될 수 있는지 알아보자. 풍선이 하늘로 날아간 궤적을 보니 다음과 같고 $\frac{d\theta}{dt} = 0.14(rad/\min)$ 라고 하자. 지상 500m 지점에서 풍선의 속력은 얼마인가?

(1) 무엇을 구하는 것인가 적는다. $\theta = \frac{\pi}{4}$ 일 때 $\frac{dy}{dt}$ 을 구한다.

(2) 변수 이름을 설정한다. y = 풍선의 (현재) 높이, θ = 풍선이 날아간 각도

(3) 관계 수식(함수)을 구한다. $\tan\theta = \frac{y}{500}$ 이므로 $y = 500\tan\theta$

(4) $y' = 500\sec^2\theta(\frac{d\theta}{dt}) = 500(1.414)^2(0.14) = 140$　1분당 140의 속력으로 올라감.

극한 계산

저수통의 물이 분당 3000(l/min)로 빠지고 있다. 물의 높이가 얼마나 빨리 줄어들겠는가? (세제곱 미터당 1,000l 물이 있다)

TIP $\frac{dV}{dt} = 3000$ 이고 알고자 하는 것은 $\frac{dh}{dt}$ 이다. π 와 r 은 변하지 않음

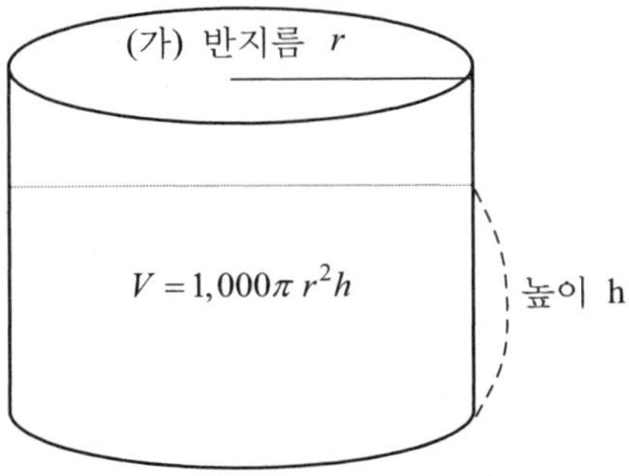

3.5.6 Taylor 시리즈

함수를 임의의 값에서의 미분값의 무한 연속 형태로 표현하는 방법을 Taylor 시리즈라 정의한다. a는 상수(constant)이다.

$$f(x) = f(a) + \frac{f'(a)}{1!}x + \frac{f''(a)}{2!}x^2 + \frac{f'''(a)}{3!}x^3 + \cdots$$

상수 $a = 0$인 경우에 이를 Maclaurin 시리즈라 한다.

$$f(x) = f(0) + \frac{f'(0)}{1!}x + \frac{f''(0)}{2!}x^2 + \frac{f'''(0)}{3!}x^3 + \cdots$$

Taylor 시리즈

1 $f(x) = \frac{1}{1-x}$ 의 Maclaurin 시리즈를 구하시오.

풀이 $f(x) = 1 + x + x^2 + x^3 + \cdots$

2 $f(x)=\frac{1}{x}$ 의 $a=1$ 에서의 Taylor 시리즈를 구하시오.

풀이 $f(x)=1-(x-1)+(x-1)^2-(x-1)^3+\cdots$

3 $f(x)=-\ln(1-x)$ 의 Maclaurin 시리즈를 구하시오.

풀이 $f(x)=x+\frac{x^2}{2}+\frac{x^3}{3}+\frac{x^4}{4}+\cdots$

4 $f(x)=\ln(x)$ 의 $a=1$ 에서의 Taylor 시리즈를 구하시오.

풀이 $f(x)=(x-1)-\frac{(x-1)^2}{2}+\frac{(x-1)^3}{3}+\cdots$

5 $f(x)=e^x$ 의 Taylor 시리즈를 구하시오.

풀이 $f(x)=1+x+\frac{x^2}{2!}+\frac{x^3}{3!}+\cdots$ **참고** $e^x=\lim_{n\to\infty}(1+\frac{1}{n})^n$ (정의)

선형 근사(Linear Approximation)

$$f(x)\approx L(x)=f(a)+f'(a)(x-a)$$

이차 근사(Quadratic Approximation)

$$f(x)\approx Q(x)=f(a)+f'(a)(x-a)+\frac{f''(a)(x-a)^2}{2}$$

근사값 구하기

$\sqrt{9.1}$ 의 근사값을 구하시오(Linear, Quadratic 이용).

풀이 $f(x)=\sqrt{x}$ => $f'(x)=\frac{1}{2\sqrt{x}}$ ⇒ (이차 미분) $f''(x)=-\frac{1}{4x^{3/2}}$

함수값을 구하기 쉬운 9를 a로 이용하자.

$f(9.1)=\sqrt{9.1}=$

$L(9.1)=f(9)+f'(9)(9.1-9)=$

$Q(9.1)=f(9)+f'(9)(9.1-9)+\frac{f''(9)(9.1-9)^2}{2}=$

3.5.7 Newton-Raphson Method

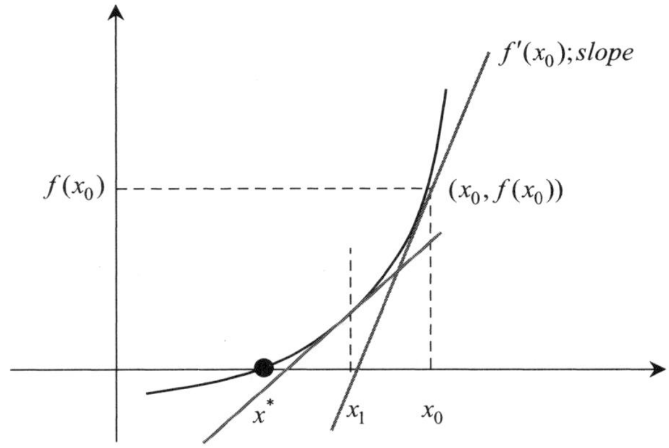

함수 $f(x)$ 의 해는 x^* 이다. 미분을 이용하여 이를 구하는 과정을 N-R 방법이라 한다. 임의의 초기값을 x_0 라 하자. 접선의 기울기가 $f'(x_0)$ 이므로 다음이 성립한다.

$$f'(x_0) = \frac{f(x_0)}{x_1 - x_0}$$

이를 x_1 로 (다음의 초기 값) 정리하면 다음과 같다.

$$x_1 = x_0 + \frac{f(x_0)}{f'(x_0)}$$

이를 반복하면 다음 식이 성립한다.

$$x_{n+1} = x_n + \frac{f(x_n)}{f'(x_n)}$$

만약 $|x_{n+1} - x_n| < \varepsilon = 0.0001$ (충분히 작은 값)이 성립하는 x_{n+1} 이 함수 $f(x)$의 해가 된다.

N-R 방법에 의해 해를 항상 구할 수 있는 것은 아니다. 다음은 초기값을 잘못 잡게 되어 해를 구할 수 없는 예이다. R-N 방법을 이용할 때는 해에 대한 근사값을 알거나 그래프를 그려 예상하는 것이 필요하다.

다음은 http://en.wikipedia.org/wiki/Newton's_method의 그래프 표현을 캡처한 것이다. 곡선은 함수 $f(x)$이고 직선은 각 x값에서의 함수의 접선이다. 초기값 x_1을 시작으로 N-R 방법을 적용하여 4단계에 얻은 x_5가 함수 $f(x)$의 해에 근사한다.

(단계 1)

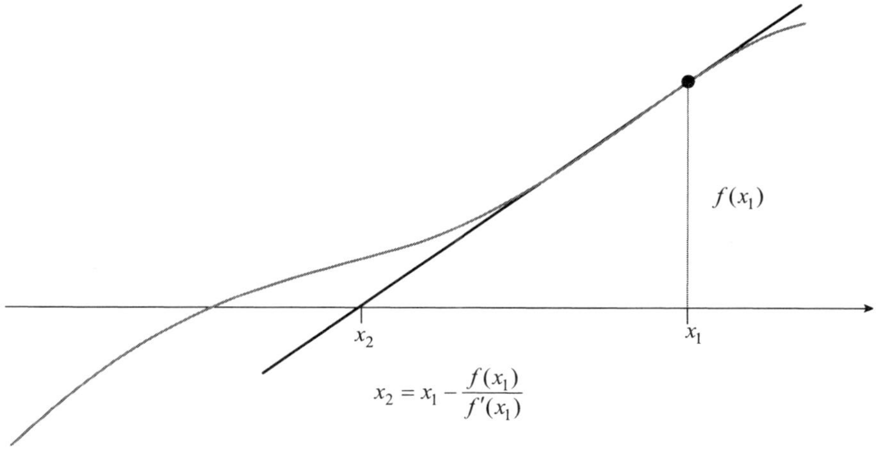
$f(x_1)$
x_2
x_1
$x_2 = x_1 - \frac{f(x_1)}{f'(x_1)}$

(단계 2)

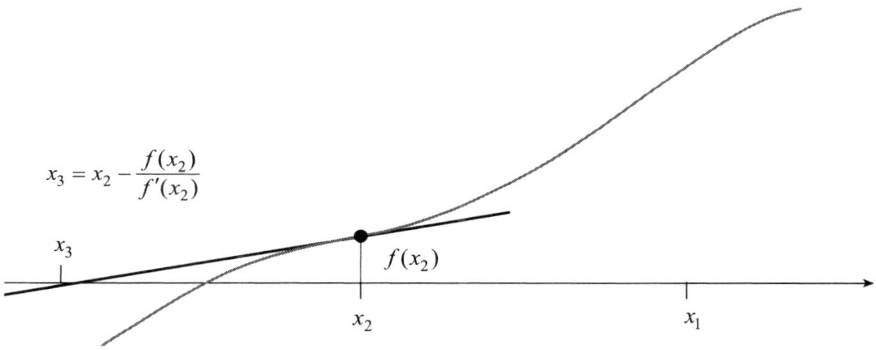
$x_3 = x_2 - \frac{f(x_2)}{f'(x_2)}$
x_3
$f(x_2)$
x_2
x_1

(단계 3)

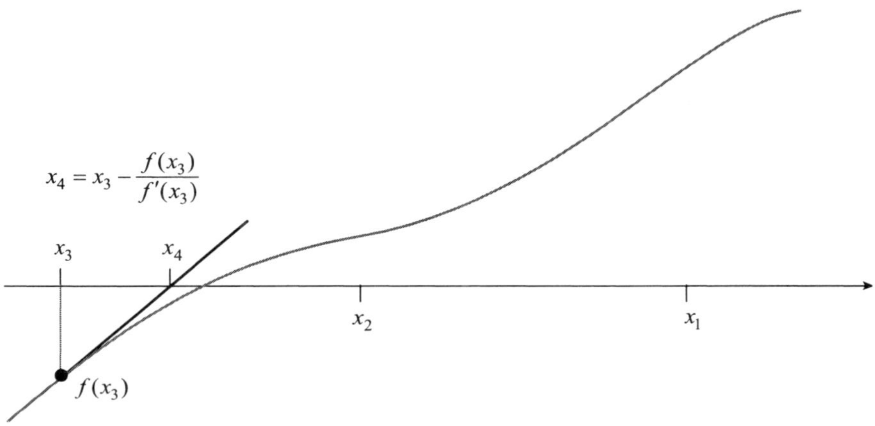
$x_4 = x_3 - \frac{f(x_3)}{f'(x_3)}$
x_3
x_4
x_2
x_1
$f(x_3)$

(단계 4)

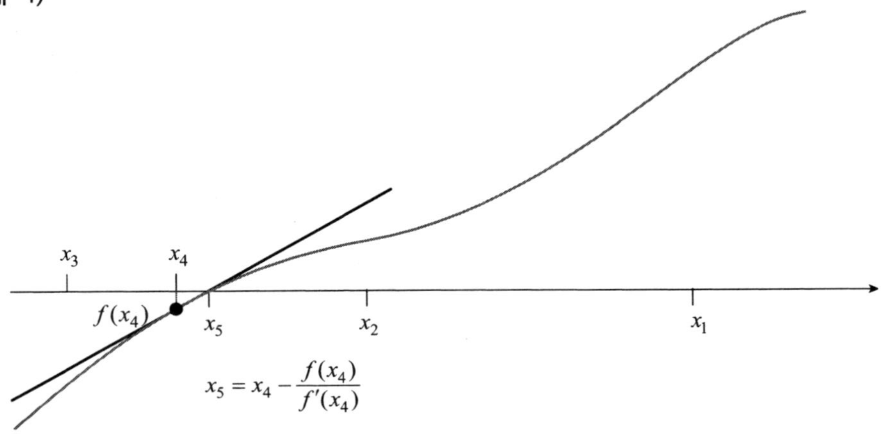

연습문제

1 다음을 미분하시오.

(1) $y = 2x^2 - 4x - 8$

(2) $y = (x-1)(3-x^2)$

(3) $y = \frac{(x^2-1)}{(x^2+x-2)}$

(4) $y = \frac{(x^3+7)}{x}$

(5) $y = \frac{3}{x^2}$

(6) $y = \frac{(1-x)}{(1+x^2)}$

(7) $y = \frac{x^5}{120}$

(8) $y = (x-1)x(x+1)$

(9) $y = (x + \frac{1}{x^2})(x - \frac{1}{x^2})$

(10) $y = x(1+x^2)^{-1}$

2 미분 개념

x=3인 곳에서 미분값의 의미를 그래프로 표현하여 설명하시오.

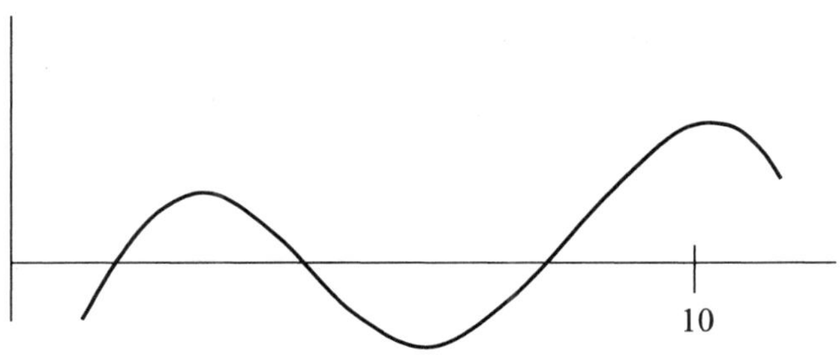

3 미분 정의

함수 $y = x^2 + ax + b$와 함수 $y = cx - x^2$이 점 (1, 0)을 지나고 이 점에서 동일 접선을 갖는다. 상수 a, b, c를 구하시오.

4 미분 응용

어떤 직선이 점 (2, 3)을 지나고 곡선 $y = x^3 - 3x + 1$의 (2, 3)에서의 접선과 직교(perpendicular)한다. 이 직선의 방정식을 구하시오.

TIP 기울기와 한 점을 알고 있으면 직선방정식을 구한다. $y = a + mx$

5 다음 함수의 (local) 최대값, (local) 최소값, 변곡점이 있는지 알아보고 있다면 $(x, f(x))$를 구하시오.

(1) $y = x(6-2x)^2$

(2) $y = 2x^4 - 4x^2 + 1$

(3) $y = 2x^3 - 3x^2$

(4) $y = 2x - x^2$

(5) $y = 4 + 3x - x^3$

(6) $y = x^4 - 2x^2$

(7) $y = x - \sin x, 0 \le x \le 2\pi$

(8) $y = (x-2)^3 + 1$

6 클립이 가장 높이 올라갔을 때 시각과 그 때의 높이를 구하시오.

실험자가 종이 클립을 고무줄로 하늘을 향해 수직으로 쏘아 올렸더니 t초 후 클립의 높이는 $s(t) = -16t^2 + 96t$ (단위: m)이었다.

(1) 가장 높이 올라갔을 때 시각 t와 높이를 구하시오.

(2) 클립이 112m 높이에 있을 때 속력을 구하시오.

7 수익 최대화 문제

정원이 60명인 버스 승객 수를 x명이라 할 때 요금을 $p(x) = [3 - x/40]^2$ (승객당) 받는다. 버스 최대 수익을 위해서는 승객이 몇 명 탑승해야 하는지 구하시오.

8 **다음에서 b 값을 구하시오.**

함수 $y = x^3 + bx^2 + cx + d$ (b, c, d는 상수) 는 $x = 1$에서 변곡점을 갖는다고 한다. 이 때 상수 b을 구하시오.

9 **최대값, 최대값, 있으면 변곡점이 되는 x 값을 구하시오.**

다음은 $y = f(x)$ 의 미분함수이다. 있으면 최대값, 최대값, 변곡점이 되는 x 값을 구하시오(함수값을 구하는 것이 아니라 x을 구하는 것임).

$$(\text{미분 함수})\quad y' = f'(x) = 6x(x+1)(x-2)$$

10 **하늘에서 떨어지는 두 낙하산(1, 2)의 위치는 각각 다음과 같다. 두 낙하산의 속력이 같아지는 시점(t)에서 각 낙하산의 위치를 구하시오.**

낙하산 1: $s_1(x) = 3t^3 - 12t^2 + 18t + 5$ (단위: m)

낙하산 2: $s_2(x) = -t^3 + 9t^2 + 12t$ (단위: m)

Chapter

04

적분

4.1 부정적분
4.2 정적분
4.3 치환적분
4.4 적분기법
4.5 부분적분
4.6 적분 응용

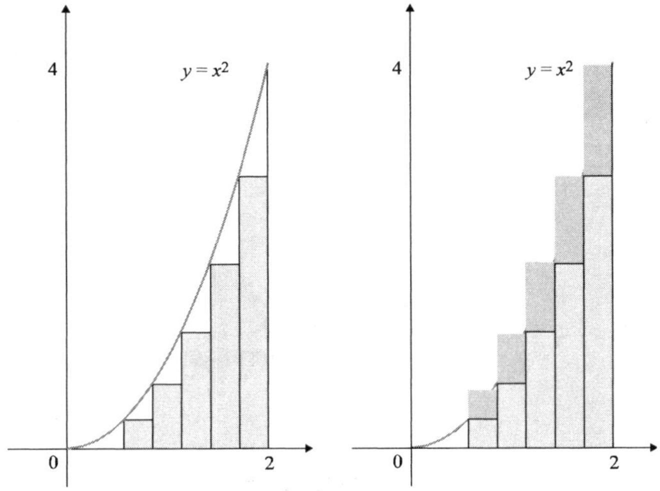

고대 수학자들은 사각형의 면적(밑변×높이), 삼각형 면적(밑변×높이/2) 평행사변형의 면적(euclid geometry (밑면×높이)), 사다리꼴의 면적 ((윗변+아래변)*높이/2)를 이용하여 구하였다. 이를 이용하여 왼쪽의 다각형 면적은 구할 수 있으나 오른쪽의 곡선의 면적은 어떻게 구할 것인가?

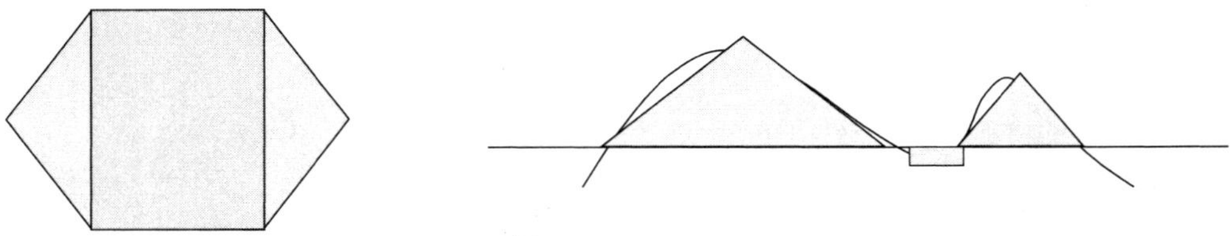

Archimedes는 곡선의 면적을 이미 알려진 다각형, 삼각형의 면적으로 근사시켜 구하는 방법을 생각하였다. 이것이 면적에 대한 현재 정의의 근간이 된다.

통계학에 있어서 적분이 이용되는 곳은 확률계산이다. 다음과 같이 표준정규분포를 따르는 확률변수 X(전체 면적은 1이다. 확률의 정의를 생각해 보라)에서 우리가 원하는 구간 (a, b)의 확률을 계산할 때 적분이 이용된다.

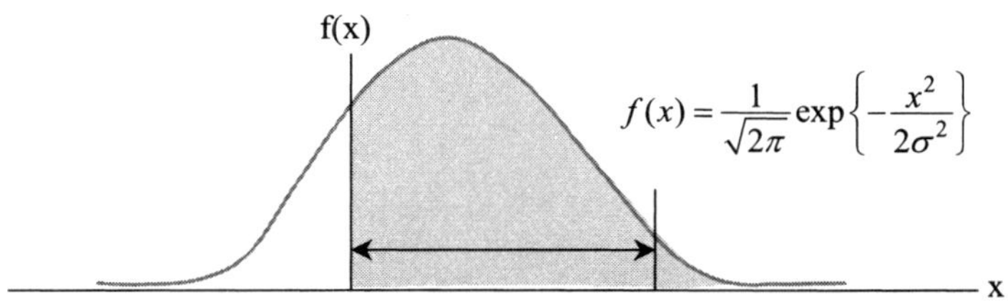

4.1 부정적분 Indefinite Integral

만약 함수 $f(x)$의 모든 정의역에서 $F'(x)=f(x)$이라면, 함수 $F(x)$는 $f(x)$의 역-미분(anti-derivative)이라 한다. **이처럼 적분은 미분의 역이다. 적분의 결과를 미분하면 원의 함수가 된다.**

definition 정의

만약 함수 $f(x)$가 미분할 수 있다면, 함수 $f(x)$의 모든 역-미분 함수를 함수 $f(x)$의 x에 대한 부정적분(indefinite integral with respect to x)이라 하고 $\int f(x)dx$로 표시한다. $\int$(integral)은 적분 기호이며, dx의 의미는 함수 $f(x)$를 x에 대해 적분한다는 것이다.
부정적분을 구하는 방법은 다음과 같다.

(1) $\int f(x)dx = F(x)+c$ (c는 임의의 상수) : 기본 개념

(2) $\int kf(x)dx = k\int f(x)dx$ (상수항 곱의 규칙)

(3) $\int [f(x) \pm g(x)]dx = \int f(x)dx \pm \int g(x)dx$ (합과 차의 규칙)

예제

함수 $f(x)=2x$의 부정적분 $\int 2xdx$를 구하자.

$\int 2xdx = x^2+c$. x^2(역-미분)을 미분하면 $2x$이다.

예제

함수 $f(x)=x^5$의 부정적분을 구하자.

$\int x^5 dx = \frac{1}{6}x^6 + c$

예제

$\int (x^2 - 2x + 5)dx$ 을 구하자.

$\int (x^2 - 2x + 5)dx = \frac{1}{3}x^3 - x^2 + 5x + c$

위 예제에서 적분 결과를 미분하면 적분하려는 원 함수와 같음을 알 수 있다. 그러므로 적분은 역-미분 개념이다.

연습문제

다음 함수의 부정적분을 구하자.

(1) $f(x) = 6x^{-3} + 2x + 3$

(2) $f(x) = 2\sqrt{x}$

(3) $f(x) = x^{-2/3}$

(4) $f(x) = \frac{2}{x^3}$

(5) $f(x) = 2 - \frac{5}{x^2}$

(6) $f(x) = 3\cos x$

4.2 정적분 Definite Integral

정적분(면적)은 부정적분(역-미분 함수)과는 다른 접근 방법이다. 그러나 이 두 개념은 17세기 경에 Newton-Leibniz에 의해 서로 연결되었고 이를 적분(integral)이라 하였다. 우선 이 절에서는 정적분의 개념을 살펴보기로 하자. 구간 $[a, b]$의 함수 $f(x)$ 아래 면적은 어떻게 구할까? 구간 $[a, b]$을 아래와 같이 여러 구간으로 나눈 후 얻은 직사각형의 면적의 합을 함수의 면적으로 생각할 수 있다. 함수와 x축으로 이루어진 공간의 면적을 정적분이라 한다. 아래 그림에서 정적분(실제 면적: 함수 $f(x)$와 x축 사이 면적)은 왼쪽보다는 크고 오른쪽 보다는 적을 것이다.

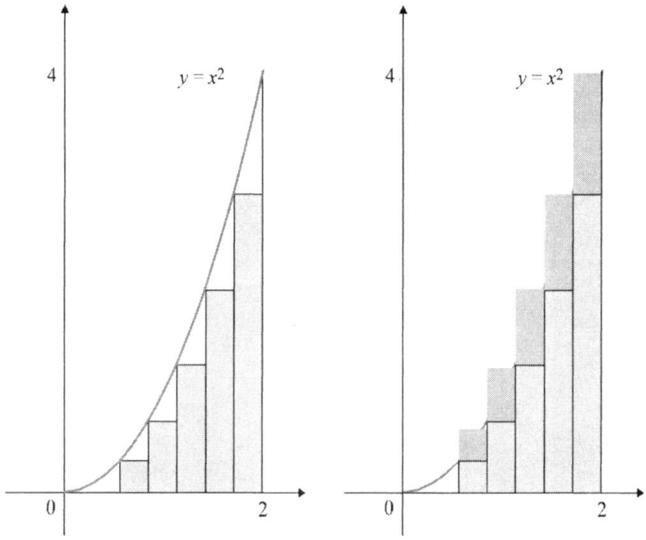

4.2.1 Riemann 적분

구간 $[a,b]$의 함수 $f(x)$ Riemann Integral (면적)은 다음과 같이 계산된다.

$$S_r = \sum_{k=1}^{n} f(c_k)\Delta x_k$$

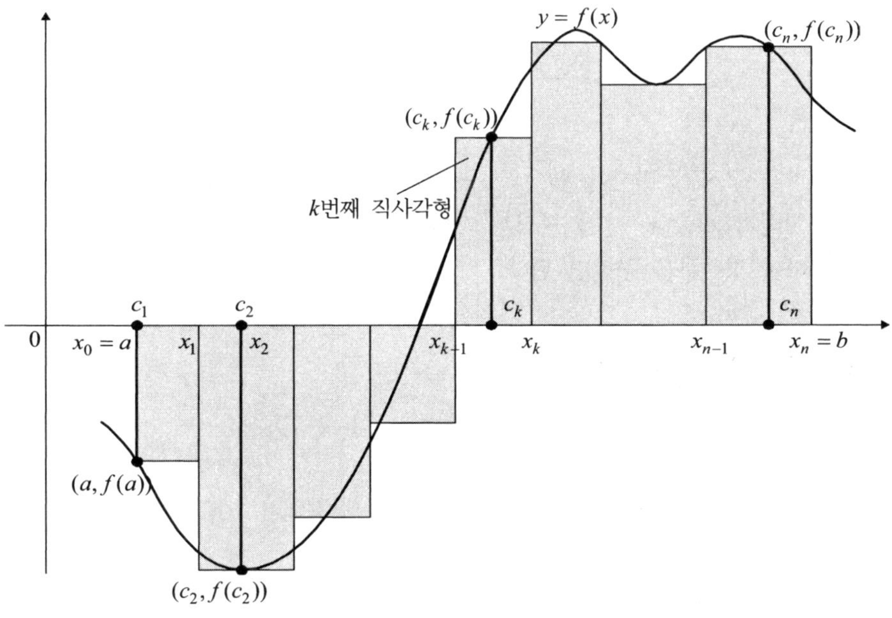

구간을 더 좁게 나눌수록 실제 면적과 Riemann 적분의 차이는 줄어든다. 나눈 구간의 넓이가 0으로 가져가면 Riemann 면적과 실제 함수의 면적은 같아질 것이다.

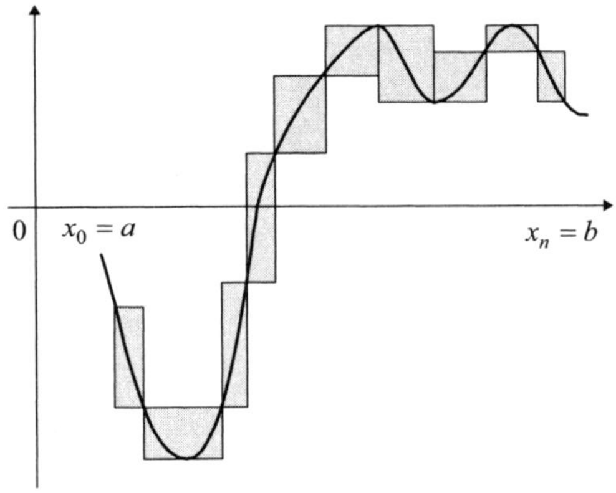

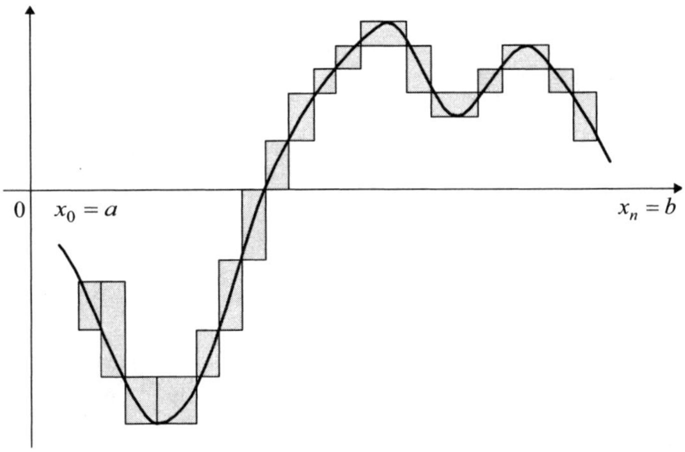

면적을 구하기 위하여 함수의 구간을 나누고 구간의 넓이를 0으로 근사하여야 하는가? 그렇지는 않다. 단지 정적분 개념을 설명하기 위함이다. 다음 절에 나온 규칙들을 이용하여 정적분을 구하면 된다.

4.2.2 정적분 구하기

다음 규칙을 이용하여 정적분을 손쉽게 구할 수 있다.

(1) $\int_a^a f(x)dx = 0$ [통계: 연속 확률변수의 한 점에서 확률은 0이다]

(2) $\int_a^b f(x)dx = -\int_b^a f(x)dx$ (구간의 순서가 바뀌면 부호 반대)

(3) $\int_a^b kf(x)dx = k\int_a^b f(x)dx$ (k 는 임의의 상수)

(4) $\int_a^b [f(x) \pm g(x)]dx = \int_a^b f(x)dx \pm \int_a^b g(x)dx$ (합과 차)

(5) 만약 구간 $[a,b]$ 에서 $f(x) \geq g(x)$ 이면 $\int_a^b f(x)dx \geq \int_a^b g(x)dx$ (domination)

(6) 만약 구간 $[a,b]$ 에서 $f(x) \geq 0$ 이면 $\int_a^b f(x)dx \geq 0$

[통계: 확률변수의 분포함수는 항상 0(확률의 정의)이므로 구간의 확률 또한 0보다 크다.]

(7) $\int_a^b f(x)dx + \int_b^c f(x)dx = \int_a^c f(x)dx$

(8) $\int_a^b cdx = c(b-a)$

4.2.3 정적분과 부정적분과 관계

Newton-Leibniz은 $\int_a^b f(x)dx = F(b) - F(a)$ 임을 보였다.

예제

$-2 \leq x \leq 2$ 구간에서 1) $y = 4 - x^2$ 과 2) $y = x^2 - 4$ 의 정적분을 구하자.

함수 $y = 4 - x^2$ 는

$-2 \leq x \leq 2$ 에서 양의 값이므로

$$\int_{-2}^{2}(4-x^2)dx = \left[4x - \frac{x^3}{3}\right]_{-2}^{2} = \frac{32}{3}$$

함수 $y = x^2 - 4$ 는

$-2 \leq x \leq 2$ 에서 음의 값이므로

$$-\int_{-2}^{2}(x^2-4)dx = \int_{-2}^{2}(4-x^2)dx = \frac{32}{3}$$

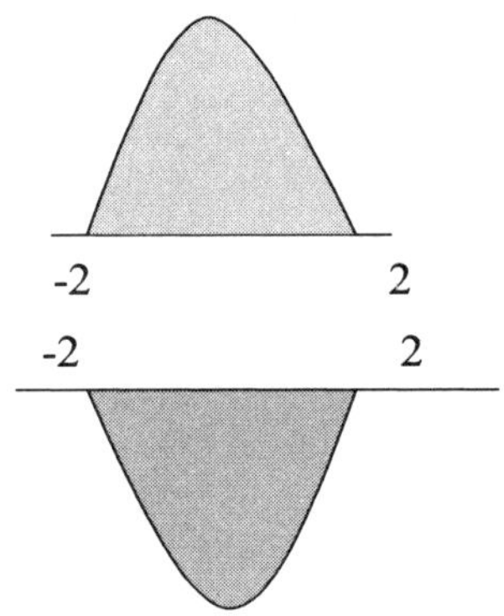

정적분을 구할 때 다음 절차를 따른다.

(1) 구하려는 구간 $[a, b]$에서 $f(x)=0$인 x값을 구한다.

(2) $f(x)=0$인 x값에 의해 구간 $[a, b]$에 의해 서브(sub) 구간을 나눈다. 구간을 나누는 곳은 함수값(y)의 부호가 바뀌는 곳이다. 위의 예제 함수에서는 함수값이 바뀌는 구

간이 없으나 아래 예제 함수의 경우 $x=0$에서 부호가 바뀐다.

(3) 서브 구간의 적분을 구한다.

(4) 구한 적분 값에 절대값을 취한 후 합해 정적분을 구한다.

R 4.2.0 활용

```
integrand <- function(x){4-x^2} #함수 설정
integrate(integrand,lower=-2,upper=2) #적분값
```

```
10.66667 with absolute error < 1.2e-13
```

R 4.2.0 활용

mosaicCalc 패키지를 이용하면 적분 함수는 물론, 미분함수도 알 수 있다.

```
#install.packages('mosaicCalc')
library(mosaicCalc)
D(4-x^2~x) #미분
antiD(4-x^2~x) #적분
Fx=antiD(4-x^2~x)
Fx(2)-Fx(-2) #적분값
```

```
> D(4-x^2~x) #미분
function (x)
-(2 * x)
> antiD(4-x^2~x) #적분
function (x, C = 0)
4 * x - 1/3 * x^3 + C
> Fx=antiD(4-x^2~x)
> Fx(2)-Fx(-2) #적분값
[1] 10.66667
```

예제

$-2 \le x \le 2$ 구간에서 $y=x^3-4x$과 정적분을 구하자.

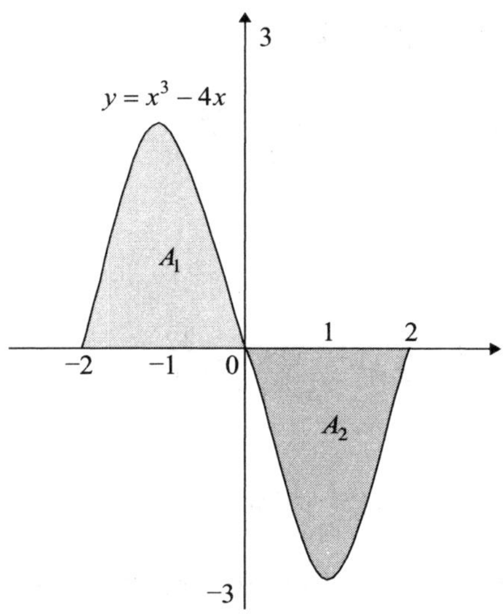

(1) $y = x(x^2 - 4) = x(x-2)(x+2) = 0 \Rightarrow x = -2, 0, 2$

(2) $x = 0$ 에서 함수값이 바뀌므로 [- 2, 1]과 [0, 2] 두 개의 서브 구간으로 나눈다.

(3) 적분을 구한다.

$$\int_{-2}^{0}(x^3 - 4x)dx = \frac{1}{4}x^4 - 2x^2\Big]_{-2}^{0} = 4$$

$$\int_{0}^{2}(x^3 - 4x)dx = \frac{1}{4}x^4 - 2x^2\Big]_{0}^{2} = -4$$

(4) 면적은 $|4| + |-4| = 8$ 이다.

매번 함수값이 0인 경우를 생각해야 되는가? 통계학에서는 그럴 필요가 없다. 통계학에서는 확률밀도함수와 같이 함수값(확률)이 0이상인 경우에만 관심을 갖기 때문이다.

R 4.2.0 활용

```
integrand <- function(x){x^3-4*x} #함수 설정
integrate(integrand,lower=-2,upper=0) #적분값
integrate(integrand,lower=0,upper=2) #적분값
```

```
4 with absolute error < 4.4e-14
-4 with absolute error < 4.4e-14
```

```
x=seq(-2,2,0.1)
x1=seq(-2,0,0.1)
y=x^3-4*x
y1=x1^3-4*x1
plot(x,y,type='l',main='graph',col='blue',lty=3)
abline(0,0,v=0)
polygon(c(-2,x1),c(0,y1), col="gray")
```

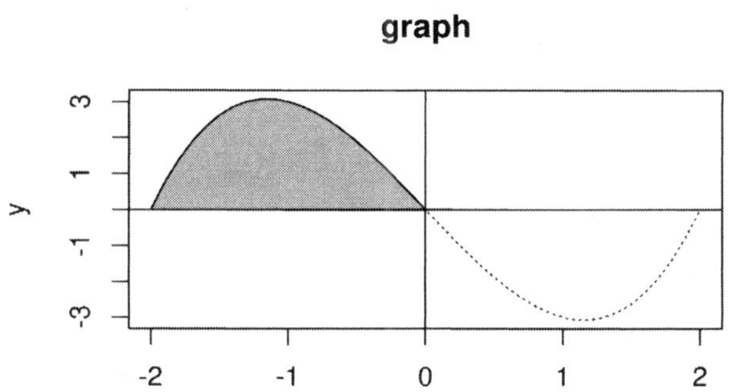

연습문제

다음 함수의 정적분을 구하자.

(1) $\int_0^1 (1+x^2)dx$

(2) $\int_0^2 (4-x^3)dx$

(3) $\int_0^1 (x^2+\sqrt{x})dx$

(4) $\int_1^{32} x^{-5/6}dx$

(5) $\int_0^{\pi} (\sin x)dx$

(6) $\int_{-2}^{-1} \frac{2}{x^2}dx$

(7) $\int_{-1}^{1} (s+1)ds$

(8) $\int_{-4}^{4} |x|\,dx$

```
integrand <- function(x){sin(x)} #함수 설정
integrate(integrand,lower=0,upper=pi) #적분값
```

```
2 with absolute error < 2.2e-14
```

```
> antiD(sin(x)~x) #적분
function (x, C = 0)
-cos(x) + C
```

연습문제

빗금 친 부분의 면적을 구하자.

(1) (2)

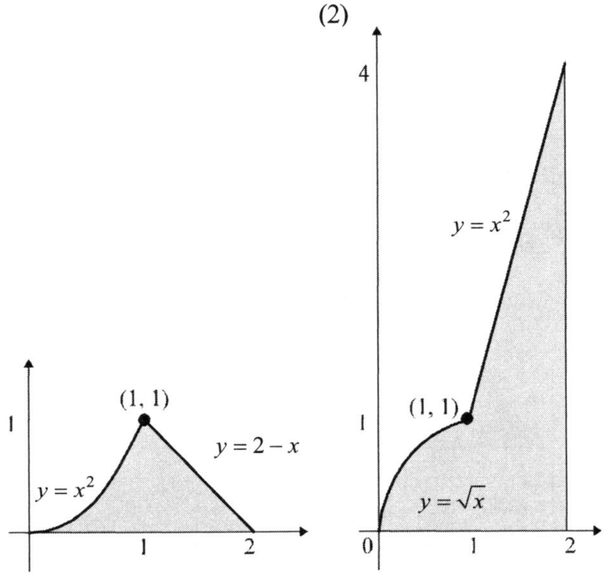

4.3 치환적분

치환적분은 미분의 연쇄법칙의 반대 개념이다. 이해를 돕기 위하여 예를 들어 설명하기로 하자. u가 미분가능한 x의 함수일 경우 $\int u^n du = \frac{u^{n+1}}{n+1} + c$ 이다.

예제

$\int (x+2)^5 dx$ 을 구하자.

만약 $u = x+2$ 라 놓으면 $du = d(x+2) = dx$ 이고 $\int (x+2)^5 dx$ 는 $\int u^5 du$ 이다.

그러므로 $\int u^5 du = \frac{u^6}{6} + c = \frac{(x+2)^6}{6} + c$

예제

$\int \sqrt{1+x^2} \cdot 2xdx$ 을 구하자.

만약 $u = 1+x^2$ 라 놓으면 $du = d(1+x^2) = 2xdx$ 이고, $\int \sqrt{1+x^2} \cdot 2xdx$ 는 $\int u^{1/2} du$ 이다.

그러므로 $\int u^{1/2} du = \frac{2u^{3/2}}{3} + c = \frac{2(1+x^2)^{3/2}}{3} + c$ 이다.

연쇄법칙의 역으로 생각한다면, $\sqrt{1+x^2}$ 의 안을 미분하면 다른 항 $2x$가 나타나므로 우선 $(1+x^2)^{3/2}$ 을 시작으로 미분을 하여 계수를 맞추는 작업을 한다.

(1) $(1+x^2)^{3/2}$ 을 미분하면 $\sqrt{1+x^2}$ 이 나오게 된다.

(2) $(1+x^2)^{3/2}$ 을 미분하면 $3/2\sqrt{1+x^2}(2x)$

(3) 이 결과와 적분 안의 함수를 비교하여 차이를 보정하면 된다. "3/2 항이 더 있네? 그러면 2/3으로 나누어 주면 된다. 즉, $2/3(1+x^2)^{3/2}$"

위의 치환(substitution)적분 방법을 정리하면 다음과 같다.

$$\int f(g(x)) \cdot g'(x)dx = \int f(u)du \quad (u = g(x), du = g'(x)dx \text{ 로 치환})$$
$$= F(u) + c = F(g(x)) + c$$

예제

$\int \cos(7x+5)dx$ 을 구하자.

만약 $u = 7x+5$ 라 놓으면 $du = d(7x+5) = 7dx$ 이고, $\int \cos(7x+5)dx$ 는 $\int \cos u \frac{du}{7}$ 이다. 그러므로 $\int \cos u \frac{du}{7} = \frac{1}{7}\int \cos u du = \frac{1}{7}\sin u + c = \frac{1}{7}\sin(7x+5) + c$

예제

$\int (x^2+2x-3)^2(x+1)dx$ 을 구하자.

$$\int (x^2+2x-3)^2(x+1)dx = \int u^2 \frac{1}{2}du \quad (u = (x^2+2x-3), du = (2x+2)dx \text{ 로 치환})$$
$$= \frac{1}{6}u^3 + c = \frac{1}{6}(x^2+2x-3)^3 + c$$

연습문제

다음 함수의 부정적분을 구하자.

(1) $\int x\sin(2x^2)dx$

(2) $\int 28(7x-2)^3 dx$

(3) $\int \frac{1}{(1-x)^2}dx$

(4) $\int r^4(7-r^5)^3 dr$

(5) $\int 8x(x^2-1)^{1/3} dx$

(6) $\int \frac{1}{\sqrt{5t}}dt$

연습문제

다음 함수의 정적분을 구하자.

(1) $\int_0^1 x^3(1+x^4)^3\,dx$

(2) $\int_0^1 y\sqrt{1-y^2}\,dy$

(3) $\int_0^{\sqrt{3}} \frac{4x}{\sqrt{x^2+1}}\,dx$

(4) $\int_1^4 \frac{dy}{2\sqrt{y}(1+\sqrt{y})^2}$

(5) $\int_0^1 \frac{x}{(1+x^2)^2}\,dx$

(6) $\int_0^1 \sqrt{s^5+2s}\,(5s^4+2)\,ds$

연습문제

다음에 대해 답하시오.

(1) 함수 f 가 연속일 때 $\int_0^1 f(x)dx = \int_0^1 f(1-x)dx$ 임을 보이시오.

(2) 만약 $\int_0^1 f(x)dx = 3$ 일 때 다음의 경우 $\int_{-1}^0 f(x)dx$ 를 구하자.

a) f가 우함수(even function)

b) f가 기함수(odd function)

(3) $\int_{-a}^{a} h(x)dx = \begin{cases} 0 & \text{h는 기함수} \\ 2\int_0^a h(x)dx & \text{h는 우함수} \end{cases}$ 임을 보이시오.

(4) 또한 $h(x) = \sin x$ (우함수), $h(x) = \cos x$ (기함수), 그리고 $a = \pi/2$ 라 하여 위의 결과를 보이시오.

4.4 적분기법

(1) $\int du = u + c$ 정의

(2) $\int kdu = ku + c$, k는 상수 (상수항 곱)

(3) $\int (du \pm dv) = \int du \pm \int dv = u \pm v$ (합과 차)

(4) $\int u^n du = \frac{1}{n+1} u^{n+1} + c$ 단 $n = -1$ 이면 $\int \frac{1}{u} du = \ln|u| + c$ (승)

(5) 삼각함수

① $\int \cos u du = \sin u + c$

② $\int \sin u du = -\cos u + c$

③ $\int \sec^2 u du = \tan u + c$

④ $\int \csc^2 u du = -\cot u + c$

⑤ $\int \sec u \tan u du = \sec u + c$

⑥ $\int \csc u \cot u du = -\csc u + c$

(6) 지수함수

① $\int e^x dx = e^x + c$

② $\int a^x dx = \frac{1}{\ln a} a^x + c$

참고 $f(x) = e^x \Rightarrow f' = e^x$, $f(x) = a^x \Rightarrow f' = a^x \ln a$

(7) 특별한 함수

① $\int \frac{1}{x} dx = \ln x (x > 0), \ln(-x)(x < 0)$

② $\int \frac{1}{1+u^2} du = \tan^{-1} u + c$

③ $\int \frac{1}{\sqrt{1-u^2}} du = \sin^{-1} u + c$

예제

$\int (3e^x + 3^x)dx$ 를 구하자.

$$\int 3e^x dx + \int 3^x dx = 3e^x + \frac{1}{\ln 3}3^x + c$$

예제

$\int e^{(x^2)} xdx$ 를 구하자.

$u = x^2 \Rightarrow du = xdx$ 그러므로 $\int e^{(x^2)} xdx = \frac{1}{2}\int e^u du = \frac{1}{2}e^u + c = \frac{1}{2}e^{x^2} + c$

예제

$\int \frac{1}{x^2 + 2x + 2} dx$ 를 구하자.

$x^2 + 2x + 2 = (x+1)^2 + 1$ 이므로 가장 유사한 방법은 $\int \frac{1}{1+u^2} du = \tan^{-1} u + c$ 이다.

위와 같은 방법으로 $\int \frac{1}{x^2 + 2x + 2} dx = \int \frac{1}{1+u^2} du = \tan^{-1} u + c = \tan^{-1}(x+1) + c$

연습문제

다음을 구하자.

(1) $\int_1^2 \frac{2^{\ln x}}{x} dx$

```
integrand <- function(x){2^log(x)/x} #함수 설정
integrate(integrand,lower=1,upper=2) #적분값
0.8898639 with absolute error < 9.9e-15
```

(2) $\int_{-1}^0 3^{x+1} dx$

(3) $\int_0^1 \frac{16x}{8x^2 + 2} dx$

4.5 부분적분

이 공식은 $d(uv) = udv + vdu$ 에서 양변을 적분하면 얻게 된다.

$$\int d(uv) = \int udv + \int vdu \Rightarrow \int udv = uv - \int vdu$$

예제

$\int x\cos xdx$ 를 구하자.

$u = x$, $dv = \cos xdx$ 라 하자. ➔ 그러면 $du = dx$, $\int dv = \int \cos xdx \Rightarrow v = \sin x$

$\int x\cos xdx = x\sin x - \int \sin xdx = x\sin x + \cos x + c$ (이용 $\int udv = uv - \int vdu$)

예제

$\int \ln xdx$ 를 구하자.

$u = \ln x$, $dv = dx$ 라 하자.

그러면 $du = \frac{1}{x}dx$ (*), $\int dv = \int dx \Rightarrow v = x$

$\int \ln xdx = x\ln x - \int x\frac{1}{x}dx = x\ln x - x + c$ (이용 $\int udv = uv - \int vdu$)

예제

$\int_a^b x^2e^x dx$ 를 구하자[연속 사용].

$u = x^2$, $dv = e^x dx$ 라 하자. 그러면 $du = 2xdx$, $\int dv = \int e^x dx \Rightarrow v = e^x$

$$\int x^2e^x dx = x^2e^x - \int 2xe^x dx \quad (\text{이용 } \int udv = uv - \int vdu)$$

한번 더 $u = x$, $dv = e^x dx$ 라 하자. 그러면 $du = dx$, $\int dv = \int e^x dx \Rightarrow v = e^x$

$$\int 2xe^x dx = 2\int xe^x dx = 2[xe^x - \int e^x dx] = 2(xe^x - e^x) \quad (\text{이용 } \int udv = uv - \int vdu)$$

그러므로 $\int x^2 e^x dx = x^2 e^x - \int_a^b 2xe^x dx = x^2 e^x - 2xe^x + 2e^x]_a^b$

위와 같이 $\int f(x)g(x)dx$ 의 형태이면서 $f(x)$는 계속 미분하면 0이 되고, $g(x)$는 적분하는 데 어려움이 없다면 **Tabular integration (표 적분)을 이용하면 편리하다**.

$f(x)=x^2$ $f(x)$와 그 미분		$g(x)=e^x$ $g(x)$와 그 적분
x^2	① +	e^x
$2x$	② −	e^x
2	③ +	e^x
0		e^x

미분한 값이 0일 될 때까지 미분 열은 계속 미분하고, 적분 열은 계속 적분한다. 어느 항을 미분 혹은 적분으로 놓을 것인가는 미분할 경우 차수가 작아져 마침내 0이 되는 항을 하게 된다. 그러므로 일반적으로 x^k 항을 미분으로 e^x와 같이 적분하면 동일 형태가 반복되는 항을 적분 열에 둔다.

미분 항이 0이 될 때까지 미분 열은 미분, 적분 열은 적분한다. 그런 후 미분 항에 하나 아래 적분 항을 곱하고 부호를 +, − 번갈아 합하는 과정을 거치게 된다. 즉 ①, ②, ③ 순으로 곱하여 번호 옆의 부호를 붙이면 다음과 같다.

$$\int_a^b x^2 e^x dx = x^2 e^x - 2xe^x + 2e^x]_a^b$$

* 만약 미분을 한 번만 한다면 순서 ②는 아래 오른쪽이 없으므로 대응 적분 항을 곱하고 적분을 하면 된다. 즉 다음과 같다.

$$\int_a^b x^2 e^x dx = x^2 e^x - \int_a^b 2xe^x dx$$

이에 대한 이해를 돕기 위하여 $\int_0^\infty xe^{-x} dx$ 를 구해보자.

$f(x)=x$ $f(x)$와 그 미분		$g(x)=e^x$ $g(x)$와 그 적분
x	① +	e^{-x}
1	② −	e^{-x}
0		e^{-x}

```
integrand <- function(x){x*exp(-x)} #함수 설정
integrate(integrand,lower=0,upper=Inf) #적분값
```

```
1 with absolute error < 6.4e-06
```

(방법 1) $\int_0^\infty xe^{-x}dx = (1)-(2)]_0^\infty = x(-e^{-x})-e^{-x}]_0^\infty = 0-(-1)=1$

(방법 2) $\int_0^\infty xe^{-x}dx = (1)]_0^\infty - \int (2)dx = x(-e^{-x})]_0^\infty - \int_0^\infty (-e^{-x})dx$

$$= 0 - \int_0^\infty (-e^{-x})dx = e^{-x}]_0^\infty = 1$$

예제

$\int x^3 \sin x dx$ 을 구하자(표 적분 여러 번 사용 가능).

$f(x)=x^3$ $f(x)$와 그 미분		$g(x)=\sin x$ $g(x)$와 그 적분
x^3	① +	$\sin x$
$3x^2$	② −	$-\cos x$
$6x$	③ +	$-\sin x$
6	④ −	$\cos x$
0		$\sin x$

$\int x^3 \sin x dx = (1)-(2)+(3)-(4)+c = -x^3\cos x + 3x^2 \sin x + 6x\cos x - 6\sin x + c$

(sin(x), cos(x)는 동일하지는 않지만 순환 반복되므로 적분 열에 사용)

예제

$\int \ln x dx$ 를 구하자(표 적분 이용).

$\ln x$를 적분할 수 없다. 그렇다면 1과 $\ln x$를 두 개의 항의 곱으로 생각하여 부분적분을 적용한다.

$f(x)=1$ $f(x)$와 그 미분		$g(x)=\ln(x)$ $g(x)$와 그 적분
$\ln x$	① + (↘)	1
$1/x$	② − (→)	x

대각선 아래로 가지 못하는 경우에는 화살표는 수평으로 하고 그 항을 적분하면 된다. 즉 위의 경우 적분 결과는 $(1)-\int(2)dx+c=\ln x\times x-\int 1dx=x\ln x-x+c$ 이다(이전과 동일).

연습문제

다음 함수의 적분을 구하자.

(1) $\int_0^1 x\sin xdx=$

(2) $\int_1^2 x^2\ln xdx=$

(3) $\int_0^1 x^3e^x dx=$

(4) $\int_0^1 x^2e^{2x}dx=$

```
> integrand <- function(x){x^3*exp(x)} #함수 설정
> integrate(integrand,lower=0,upper=1) #적분값
0.5634363 with absolute error < 6.3e-15
```

(5) 감마함수 $\Gamma(n)=\int_0^{\infty} y^{n-1}e^{-y}dy=(n-1)!$ 임을 보이시오(단 n은 정수).

4.6 적분 응용

4.6.1 확률변수와 확률분포함수

표본공간(sample space)

실험이나 측정 조사에서 발생 가능한 모든 결과(각 결과는 원소: element)들의 모임을 표본 공간이라 정의한다.

예제

제품 수명을 측정하는 실험에서 표본공간은?

$S = \{x : 0 \le\}$, $x =$ 전구 수명

확률변수(random variable)

표본공간의 각 결과(원소)에 실수값을 대응시키는 규칙(함수)을 (확률) 변수라 한다. 즉 표본공간이 S인 확률 실험에서 각 표본공간 원소에 오직 하나의 실수값을 대응하는 함수 X를 확률변수 혹은 변수라 한다. 기호로는 $X(x) = x$이다.

예제

제품의 수명을 측정하는 실험에서 표본공간은 실수이므로 확률변수 X를 제품의 수명이라 하면 측정된 수명이 X의 값이 된다. 제품의 수명을 조사하였더니 (1000, 580, 940, …) 이었다면 $(x_1 = 1000, x_2 = 580, x_3 = 940, \ldots)$이 된다.

이산형 확률변수와 연속형 확률변수

표본공간이 셀 수 있는 경우(finite) 정의된 확률변수를 이산형, 셀 수 없는 경우(infinite) 정의된 확률변수를 연속형 확률변수라 한다. 불량 개수, 교통사고 발생 수, 주사위 눈금은 이산형 확률변수이고 제품 수명, 강수량, 정격 전압 등은 연속형 확률변수이다. 이상형과 연속형에 대한 다른 정의로는 임의의 구간을 설정하여도 구간 내의 값이 측정 될 수 있으면 연속형, 그렇지 않으면 이산형이라 한다.

확률분포(확률밀도함수)

확률변수가 가질 수 있는 값들을 정의역, 각 값들의 확률을 치역으로 한 함수를 (확률) 분포함수(density function) 혹은 확률밀도함수(probability density function)라 하고

$f(x)$(이산형 변수일 경우는 $p(x)$를 사용하기도 한다)로 나타낸다. 확률분포함수 조건은 다음과 같다.

(1) 확률변수 X의 임의의 값 x의 확률값은 0 이상이다. $f(x) \geq 0$ or $p(x) \geq 0$

(2) 확률변수 X의 모든 값 x의 확률을 더하면 1이다. $\int f(x)dx = 1$ or $\sum p(x) = 1$

➲ 분포함수와 확률계산

(확률)변수 X의 확률밀도함수를 $f(x)$라 하자. 이에 대해 구간 $[a, b]$의 확률 $P(a \leq X \leq b)$과 분포함수 $F(x)$는 다음과 같이 정의한다.

(1) $P(a \leq X \leq b) = \int_a^b f(x)dx$

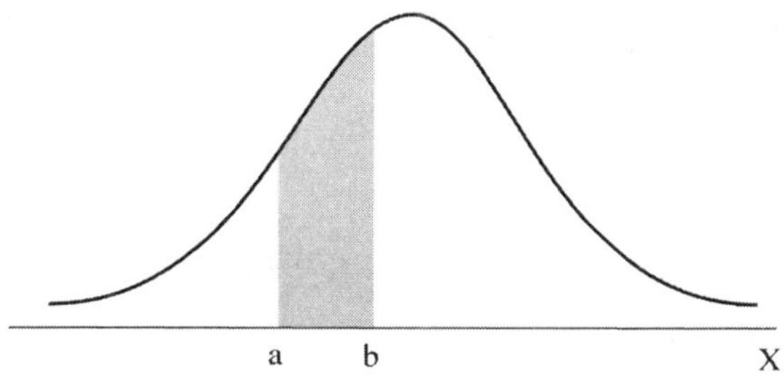

(2) $F(x) = P(X \leq x) = \int_{-\infty}^{x} f(x)dx$

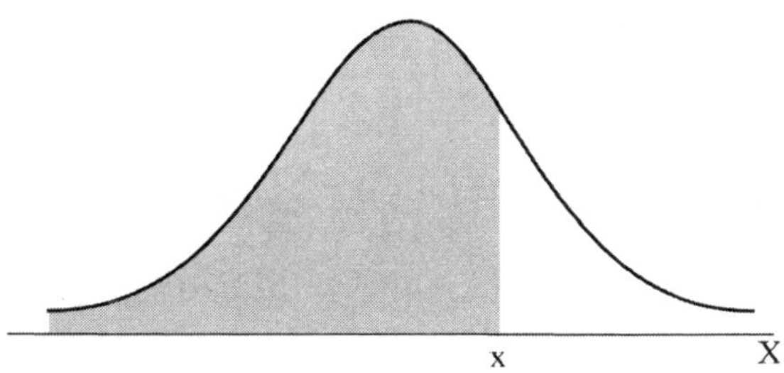

위로부터 $P(a < X \leq b) = F(b) - F(a)$ 임을 알 수 있다.

4.6.2 기대값

확률 분포에서 매우 중요한 개념의 하나인 (수학적) 기대값(expected value)에 대해 예제를 통해 먼저 알아보자.

예제

주사위 한 번 던지는 게임에서 A = {1, 2, 3}이 나오면 100원, B = {4, 5}가 나오면 500(원), C = {6}가 나오면 3,500원을 받는다고 하자. 한 게임 참가비가 1,000원일 때 게임에 참여하겠는가?

의사 결정에 중요한 것은 평균적으로(on average) 얼마 받을 수 있는가 하는 것이다. 다음 계산에 의하면 게임을 하는 사람은 평균적으로 800원을 얻을 수 있으므로 손해 보는 게임이다.

$$100*3/6+500*2/6+3500*1/6=800$$

이산형 확률변수 X의 기대값은 $E(X)=\sum_{x\subset S} xp(x)$ 이고 연속형 확률변수 X의 기대값은 $E(X)=\int xp(x)dx$ 으로 정의한다.

예제

주사위 던지는 게임에서 주사위 눈금을 X라 할 때 기대값을 구하자. 다른 말로 표현하면 주사위의 기대 눈금은?

$$E(X)=\sum_{x\subset A} xP(x)=1*\frac{1}{6}+2*\frac{1}{6}+3*\frac{1}{6}+4*\frac{1}{6}+5*\frac{1}{6}+6*\frac{1}{6}=3.5$$

X의 함수 $u(x)$ 의 기대값은 $E(u(X))=\sum_{x\subset A} u(x)P(x)$ (연속형 $E(u(x))=\int u(x)f(x)dx$)으로 정의된다. 만약 $u(X)=(X-E(X))^2$ 인 경우 기대값을 분산(variance)이라 하며, 분산은 확률변수분포의 흩어진 정도를 나타내는 수치(관측값이 얼마나 변동이 큰가?)이다. 분포가 넓게 퍼져 있을수록 분산이 커진다.

이산형 확률 변수의 분산: $V(X)=E(X-E(X))^2=\sum (X-E(X))^2 p(x)$

연속형 확률 변수의 분산: $V(X)=E(X-E(X))^2=\int (x-E(X))^2 f(x)dx$

분산을 구하는 간편 식: $V(X)=E(X^2)-E(X)^2$

예제

확률변수 X의 확률밀도함수가 $f(x)=\begin{cases} c(2-x), & 0 \le x \le 2 \\ 0, & \text{otherwise} \end{cases}$ 이다.

(1) 상수 c를 구하자.

확률밀도함수의 조건을 만족하려면

① $f(x)=c(2-x)>0,\ 0 \le x \le 2$ 그러므로 $c>0$ 이어야 한다.

② $\int_0^2 c(2-x)dx=1$ ➔ $c\left(2x-\frac{x^2}{2}\right)\Big]_0^2 = c[2-0]=1$

그러므로 $c=\frac{1}{2}$ ➔ $f(x)=1-x/2,\ 0 \le x \le 2$

(2) 분포함수 $F(x)$를 구하자.

$$F(x)=\int_0^x 1-\frac{t}{2}dt = t-\frac{t^2}{4}\Big]_0^x = x-\frac{x^2}{4},\ 0 \le x \le 2$$

(3) $f(x)$와 $F(x)$를 그리자.

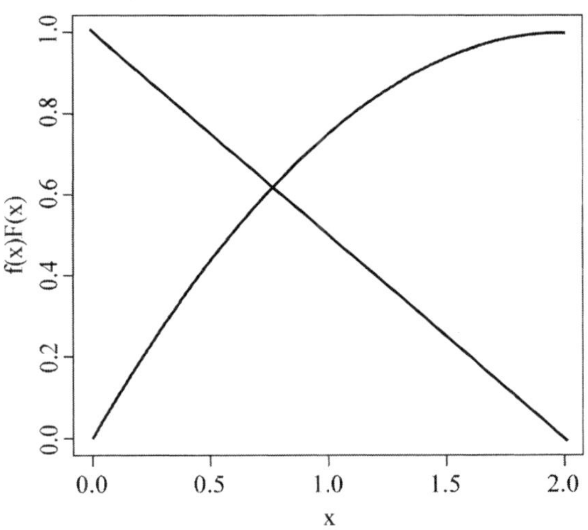

(4) $P(1<Y\le 2)$ 를 구하자.

$$P(1 \le Y \le 2)=\int_1^2 1-\frac{t}{2}dt = t-\frac{t^2}{4}\Big]_1^2 = 1-\frac{3}{4}=\frac{1}{4}$$

$$P(1 \le Y \le 2)=F(2)-F(1)=\left(2-\frac{2^2}{4}\right)-\left(1-\frac{1^2}{4}\right)=\frac{1}{4}$$

(5) $E(X)$ 와 $V(X)$ 를 구하자.

$$E(X)=\int xf(x)dx=\int_0^2 x\left(1-\frac{x}{2}\right)dx=\left[\frac{x^2}{2}-\frac{x^3}{6}\right]_0^2=\frac{2}{3}$$

$$E(X^2)=\int x^2 f(x)dx=\int_0^2 x^2\left(1-\frac{x}{2}\right)dx=\left[\frac{x^3}{3}-\frac{x^4}{8}\right]_0^2=\frac{2}{3}$$

$$V(X)=E(X^2)-E(X)^2=\frac{2}{3}-\left(\frac{2}{3}\right)^2=\frac{2}{9}$$

연습문제

확률변수 X의 확률밀도함수가 $f(x)=\begin{cases} cx^2+x, & 0\le x\le 1 \\ 0, & \text{otherwise} \end{cases}$ 이다.

(1) 상수 c를 구하자.

(2) 분포함수 $F(x)$를 구하자.

(3) $P(0<X\le 1/2)$ 를 구하자.

(4) $P(X>1/2\,|\,X>0.1)$ 를 구하자.

(5) $E(X)$와 $V(X)$를 구하자.

연습문제

확률변수 X의 확률밀도함수가 $f(x)=\begin{cases} cx^2, & 0\le x\le 2 \\ 0, & \text{otherwise} \end{cases}$ 이다.

(1) 상수 c를 구하자.

(2) 분포함수 $F(x)$를 구하자.

(3) $P(1<X\le 2)$ 를 구하자.

연습문제

확률변수 X의 분포함수가 $F(x)=\begin{cases} 0, & x\le 0 \\ x/8, & 0<x<2 \\ x^2/16, & 2\le x<4 \\ 1, & 4\le x \end{cases}$ 이다.

(1) 확률밀도함수를 구하자.

(2) 확률 $P(1.5 < X)$ 를 구하자.

(3) 조건부 확률 $P(X \geq 1 | X \leq 3)$ 을 구하자.

연습문제

연속형 확률변수 X에 대해 $E(X) = \mu$, $V(X) = \sigma^2$ 이다. 기대값의 정의를 이용하여 $Y = aX + b$ (a, b는 상수)의 기대값과 분산이 각각 $E(Y) = a\mu + b$, $V(X) = a^2\sigma^2$ 임을 보이시오.

4.6.3 지수분포

확률변수 X(전구 수명, 기다리는 시간)가 모수가 θ(모집단의 특성값이며 이 값을 알면 $f(x)$ 그래프를 그릴 수 있음)인 지수분포를 따른다고 하면 ($X \sim Exp(\theta)$) 확률분포함수는 다음과 같다.

$$f(x) = \frac{1}{\theta} e^{-\frac{x}{\theta}}, \quad 0 < x, \quad 0 < \theta$$

예제

$f(x) = \frac{1}{\theta} e^{-\frac{x}{\theta}}$ 가 확률밀도함수임을 보이시오.

(1) $0 < x$ 이면 $f(x) = \frac{1}{\theta} e^{-\frac{x}{\theta}} = \frac{1}{\theta} \frac{1}{e^{\frac{x}{\theta}}} > 0$.

(2) $\int_0^\infty f(x)dx = \int_0^\infty \frac{1}{\theta} e^{-\frac{x}{\theta}} dx = -e^{-\frac{x}{\theta}}]_0^\infty = 0 - (-1) = 1$.

예제

$f(x) = \frac{1}{\theta} e^{-\frac{x}{\theta}}$ 의 확률분포함수를 구하자.

$$F(x) = \int_0^x \frac{1}{\theta} e^{-\frac{x}{\theta}} dx = -e^{-\frac{x}{\theta}}]_0^x = 1 - e^{-\frac{x}{\theta}}$$

예제

$X \sim Exp(\theta)$ 인 경우 $E(X)=\theta$ 임을 보이시오.

$$E(X)=\int_0^{\infty} xf(x)dx=\int_0^{\infty} x\frac{1}{\theta}e^{-\frac{x}{\theta}}dx$$

[방법 1] 부분적분 이용: $\int udv = uv - \int vdu$

$u=x$, $dv=\frac{1}{\theta}e^{-\frac{x}{\theta}}dx$ 라 하면 $du=dx$

$$\int dv=\int\frac{1}{\theta}e^{-\frac{x}{\theta}}dx \Rightarrow v=-e^{-\frac{x}{\theta}}$$

$$E(X)=\int_0^{\infty} x\frac{1}{\theta}e^{-\frac{x}{\theta}}dx = x(-e^{-\frac{x}{\theta}})]_0^{\infty} - \int_0^{\infty} -e^{-\frac{x}{\theta}}dx = \int_0^{\infty} e^{-\frac{x}{\theta}}dx = \theta e^{-\frac{x}{\theta}}]_0^{\infty} = \theta$$

[방법 2] 표 적분 이용하기

$f(x)=x$, $f(x)$와 그 미분		$g(x)=\frac{1}{\theta}e^{-x/\theta}$ $g(x)$와 그 적분
x	① +	$\frac{1}{\theta}e^{-x/\theta}$
1		$-e^{-x/\theta}$
0	② −	$\theta e^{-x/\theta}$

$$\int x\frac{1}{\theta}e^{-\frac{x}{\theta}}dx = -xe^{-x/\theta} - \theta e^{-x/\theta}$$

$$E(X)=\int_0^{\infty} x\frac{1}{\theta}e^{-\frac{x}{\theta}}dx = [-xe^{-x/\theta} - \theta e^{-x/\theta}]_0^{\infty} = \theta$$

연습문제

$X \sim Exp(\theta)$ 일 경우 $V(X)$ 을 구하자. $V(X)=E(X^2)-E(X)^2$ 을 이용하자.

$E(X)=\theta$ 임을 알고 있으므로 $E(X^2)$ 을 구하면 된다.

표 적분을 이용하여 $E(X^2)=\int_0^{\infty} x^2 f(x)dx = 2\theta^2$ 임을 보이시오.

연습문제

감마 함수 $\Gamma(n)=\int_0^\infty y^{n-1}e^{-x}dy=(n-1)\Gamma(n-1)$ 임을 보이시오.

$u=y^{n-1}$, $dv=e^{-y}dy$ 라 놓고 부분적분하시오.

4.6.4 감마 분포함수

감마 함수 $\Gamma(\alpha)=\int_0^\infty y^{\alpha-1}e^{-y}dy$ 에서 $x=\theta y$ 라고 치환하면 $dx=\theta dy$, $x=0\Rightarrow y=0$, $x=\infty\Rightarrow y=\infty$ 이므로 $\Gamma(\alpha)=\int_0^\infty\left(\frac{x}{\theta}\right)^{\alpha-1}e^{-x/\theta}\left(\frac{1}{\theta}\right)dx$ 이다. 양변에 $\alpha=1$ 을 대입하면 $1=\int_0^\infty\frac{1}{\Gamma(\alpha)\theta^\alpha}x^{\alpha-1}e^{-x/\theta}dx$ 이다.

이로부터 $f(x)=\frac{1}{\Gamma(\alpha)\theta^\alpha}x^{\alpha-1}e^{-x/\theta}$, $0\le x\le\infty$ 을 확률밀도함수로 사용할 수 있을 것이다. 이런 형태의 확률밀도함수를 갖는 확률변수 X 는 (α,θ) 인 감마 분포함수를 따른다고 한다. $X\sim Gamma(\alpha,\theta)$, $\alpha=1$ 인 $Gamma(\alpha=1,\theta)$ 는 모수가 θ 인 지수분포($Exp(\theta)$)이다. 감마 분포는 서로 독립인 지수분포의 합으로 나타낼 수 있다. $X_i\overset{iid}{\sim}Exp(\theta)$ 이면 $\sum_{i=1}^{\alpha}X_i\sim Gamma(\alpha,\theta)$ 이다. 예를 들어 평균 수명이 1000시간인 지수분포($Exp(\theta=1000)$)를 따르는 전구 세 개($\alpha=3$)가 있다고 하자. 첫 전구를 사용하다 고장나면 다음 전구를 사용한다고 하자. 전구 세 개가 모두 고장날 때까지 걸리는 시간을 확률변수 X라 하면 $X\sim Gamma(\alpha=3,\theta=1000)$ 인 분포를 따른다.

➲ Gamma 확률분포함수의 평균 구하기

모수 (α,θ) 인 감마 분포의 평균은

$$E(X)=\int_0^\infty x\frac{1}{\Gamma(\alpha)\theta^\alpha}x^{\alpha-1}e^{-x/\theta}dx=\int_0^\infty\frac{1}{\Gamma(\alpha)\theta^\alpha}x^\alpha e^{-x/\theta}dx$$

$\frac{1}{\Gamma(\alpha)\theta^\alpha}\int_0^\infty x^\alpha e^{-x/\theta}dx$ 에서 부분적분을 이용하자.

$u=x^\alpha, dv=e^{-x/\theta}$ 라 하면 $du=\alpha x^{\alpha-1}dx, v=\int e^{-x/\theta}dx=-\beta e^{-x/\theta}$

$$\frac{1}{\Gamma(\alpha)\theta^{\alpha}}\int_0^{\infty} x^{\alpha} e^{-x/\theta}dx$$

$$=\frac{1}{\Gamma(\alpha)\theta^{\alpha}}\{[x^{\alpha}(-e^{-x/\theta})|_0^{\infty}-\int_0^{\infty}\alpha x^{\alpha-1}(-\theta e^{-x/\theta})dx]\}$$

$$=\frac{1}{\Gamma(\alpha)\theta^{\alpha}}[0+\int_0^{\infty}\alpha x^{\alpha-1}(\theta e^{-x/\theta})dx]=\frac{1}{\Gamma(\alpha)\theta^{\alpha}}\int_0^{\infty}\alpha x^{\alpha-1}(\theta e^{-x/\theta})dx$$

$$=\alpha\theta\int_0^{\infty}\frac{1}{\Gamma(\alpha)\theta^{\alpha}}x^{\alpha-1}e^{-x/\theta})dx=\alpha\theta$$

(표 적분 이용)

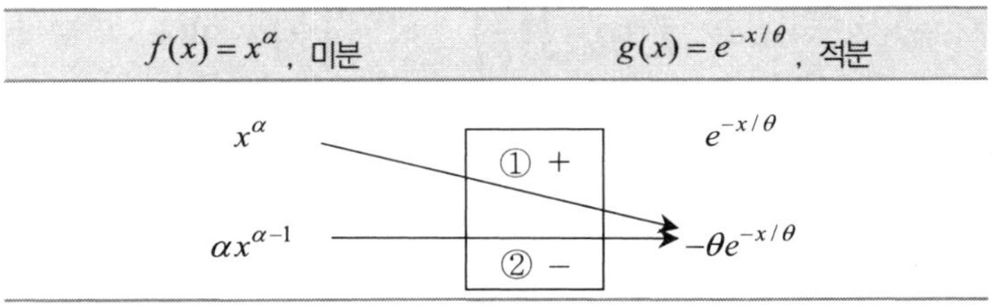

$$\frac{1}{\Gamma(\alpha)\theta^{\alpha}}\int_0^{\infty} x^{\alpha} e^{-x/\theta}dx=\frac{1}{\Gamma(\alpha)\theta^{\alpha}}(1)]_0^{\infty}-\frac{1}{\Gamma(\alpha)\theta^{\alpha}}\int_0^{\infty}(2)dx$$

$$=\frac{1}{\Gamma(\alpha)\theta^{\alpha}}x^{\alpha}(-\theta e^{-x/\theta})]_0^{\infty}-\frac{1}{\Gamma(\alpha)\theta^{\alpha}}\int_0^{\infty}\alpha x^{\alpha-1}-\theta e^{-x/\theta}dx$$

$$=0+\alpha\theta\int_0^{\infty}\frac{1}{\Gamma(\alpha)\theta^{\alpha}}x^{\alpha-1}e^{-x/\theta}dx=\alpha\theta$$

연습문제

$X_i \overset{iid}{\sim} Exp(\theta)$ 이면 $\sum_{i=1}^{\alpha} X_i \sim Gamma(\alpha,\theta)$ 임을 이용하여 $X \sim Gamma(\alpha,\theta)$ 인 확률변수에 대해 $E(X)$, $V(X)$를 구하자.

참고 $\int x^2 e^x dx$ 을 구하자.

$u=x^2$, $dv=e^x dx$ 라 하자. 그러면 $du=2xdx$, $\int dv=\int e^x dx \Rightarrow v=e^x$

$$\int x^2 e^x dx = x^2 e^x - \int 2xe^x dx \quad (\text{이용 } \int udv = uv - \int vdu)$$

한번 더 $u = x$, $dv = e^x dx$ 라 하자. 그러면 $du = dx$, $\int dv = \int e^x dx \Rightarrow v = e^x$

$$\int 2xe^x dx = 2\int xe^x dx = 2[xe^x - \int e^x dx] = 2(xe^x - e^x) \quad (\text{이용 } \int udv = uv - \int vdu\,)$$

그러므로 $\int x^2 e^x dx = x^2 e^x - \int 2xe^x dx = x^2 e^x - 2xe^x + 2e^x + c\,]$

위와 같이 $\int f(x)g(x)dx$ 의 형태이면서 $f(x)$는 계속 미분하면 0이 되고, $g(x)$는 적분하는 데 어려움이 없다면 Tabular integration을 이용하면 편리하다.

$$f(x) = x^2, \quad g(x) = e^x$$

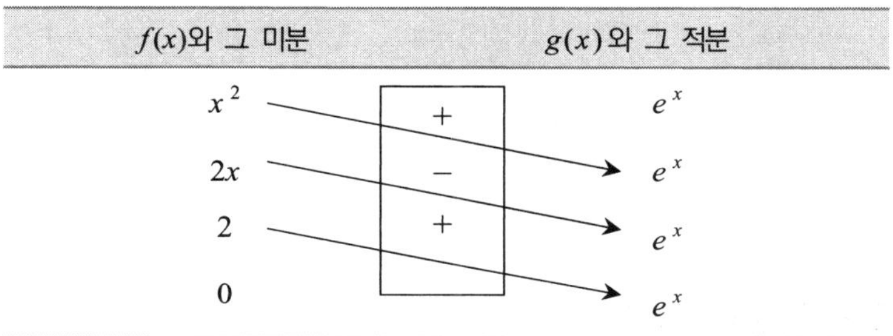

$$\int x^2 e^x dx = x^2 e^x - 2xe^x + 2e^x$$

연습문제

1 다음 정적분을 구하자.

(1) $\int_1^2 \left(t-\frac{1}{t}\right)\left(t+\frac{1}{t}\right)dt$

(2) $\int_0^1 (t-1)^2\,dt$

(3) $\int_1^{32} x^{-6/5}dx$

(4) $\int_1^{\sqrt{2}} \frac{x^2+\sqrt{x}}{x^2}dx$

(5) $\int_{1/2}^1 \left(\frac{1}{x^3}-\frac{1}{x^4}\right)dx$

2 다음 정적분을 구하자.

(1) $\int_1^3 \sqrt{x+1}dx$

(2) $\int_0^1 t\sqrt{1-t^2}\,dt$

(3) $\int_0^{\sqrt{7}} x(x^2+1)^{1/3}dx$

(4) $\int_0^1 \frac{x}{(1+x^2)^2}dx$

(5) $\int_0^1 \sqrt{x^5+2x}(5x^4+2)dx$

3 다음 식을 만족하는 상수 c를 구하자.

(1) $\int_0^2 c(2-x)dx=1$

(2) $\int_0^1 (cx^2+x)dx=1$

4 다음의 적분값을 구하자(정적분).

(1) $\int_0^1 \frac{1}{\sqrt{x}}dx=$

(2) $\int_2^{\infty} \frac{1}{\sqrt{x-1}}dx=$

(3) $\int_0^4 \frac{1}{\sqrt{4-x}} dx =$

(4) $\int_1^4 \sqrt{x}(1+x) dx =$

(5) $\int_0^\infty xe^{-x/3} dx =$

(6) $\int_0^1 (x^2-5)e^x dx =$

5 상수 c를 구하자.

(1) $\int_0^\infty ce^{-x/5} dx = 1$

(2) $\int_0^\infty cxe^{-4x} dx = 1$

6 상수 c를 구하자.

$f(x) = \begin{cases} 0.5 & , \quad -1 < x \le 0 \\ 0.5 + cx, & \quad 0 < x < 2 \end{cases}$ 이 확률밀도함수이라면 상수 c을 구하자.

즉 $\int_{-1}^0 0.5dx + \int_0^2 (0.5+cx)dx = 1$ 을 만족하는 상수 c을 구하자.

7 확률밀도함수, 상수 c 구하기

(1) $f(x) = c/x^{4/3}, 0 < x < 1$ 는 확률밀도함수이다. 상수 c를 구하자.

(2) $f(x) = xe^{-x}, 0 < x < c$ 는 확률밀도함수이다. 상수 c를 구하자.

8 기대값(평균), 중앙값 구하기

(정의) 확률변수 x의 확률밀도함수가 $f(x)$인 경우 기대값(평균) $E(X)$은 다음과 같이 정의한다.

$$(\text{기대값}) \quad E(X) = \int xf(x)dx$$

(정의) 확률변수 x의 확률밀도함수가 $f(x)$인 경우 $\int_{-\infty}^{m} f(x)dx = 0.5$를 만족하는 m을 중앙값(median)이라 한다.

(문제) 확률분포함수가 $F(x) = 1 - \frac{2}{3}e^{-x}, x > 0$인 경우 ($f(x) = F'(x)$)

(1) 기대값(평균) $E(X)$를 구하자.

(2) 중앙값 m을 구하자.

9 확률밀도함수

$f(x) = \begin{cases} x+1, & -1 < x \le 0 \\ 1-x, & 0 < x < 1 \end{cases}$ 는 확률밀도함수이다.

(1) 확률분포함수 $F(x) = \int f(x)dx$를 구하자.

(2) $P(-0.5 \le X \le 0.5)$를 구하자.

(3) 확률 $P(X > 0.5 \mid X > -0.5)$를 구하자.

10 확률분포함수

$F(x) = \begin{cases} x^2/4, & 0 < x \le 1 \\ \dfrac{x+1}{4}, & 1 < x < 2 \end{cases}$ 는 확률분포함수이다.

(1) 확률밀도함수 $f(x) = F'(x)$를 구하자.

(2) $P(0.5 \le X \le 1.5)$를 구하자.

(3) 확률 $P(X > 0.7 \mid X < 1.5)$를 구하자.

11 확률밀도함수

다음은 $f(x)=\begin{cases} x, & 0<x\le 1 \\ 2-y, & 1<x<2 \end{cases}$ 는 확률밀도함수이다.

(1) 확률분포함수임을 보이시오.

(2) 확률분포함수 $F(x)=\int f(x)dx$ 를 구하자.

(3) 확률분포함수 $F(x)$ 이용하여 $P(0.8\le X\le 1.2)$ 를 구하자.

(4) 확률 $P(0.5>X\mid X>1.2)$ 를 구하자.

12 확률밀도함수

다음은 $f(x)=\begin{cases} 0.2, & -1<x\le 0 \\ 0.2-cx, & 0<x<1 \end{cases}$ 은 확률밀도함수이다.

(1) 확률분포함수이기 위한 상수 c를 구하자.

(2) 확률분포함수 $F(x)=\int f(x)dx$ 를 구하자.

(3) $F(x)$ 이용하여 $P(0\le X\le 0.5)$ 를 구하자.

(4) 확률 $P(0.5>X\mid X>0.1)$ 을 구하자.

13 확률분포함수

다음은 $F(x)=\begin{cases} x/8, & 0<x\le 2 \\ x^2/16, & 0<x<1 \end{cases}$ 는 확률분포함수이다.

(1) 확률밀도함수 $f(x)=F'(x)$ 를 구하자.

(2) $P(1 \le X \le 3)$ 을 구하자.

(3) 확률 $P(X > 1 | X < 3)$ 을 구하자.

14 확률밀도함수

(1) $f(x) = (3/16)x^2, -c \le x \le c$ 상수 c를 구하자.

(2) $f(x) = c\sqrt{x}, 0 \le x \le 4$ 상수 c를 구하자.

Chapter

05

행렬

5.1 정의
5.2 특수한 행렬
5.3 기초연산
5.4 합 연산
5.5 곱 연산
5.6 나누기 연산
5.7 통계학 이용

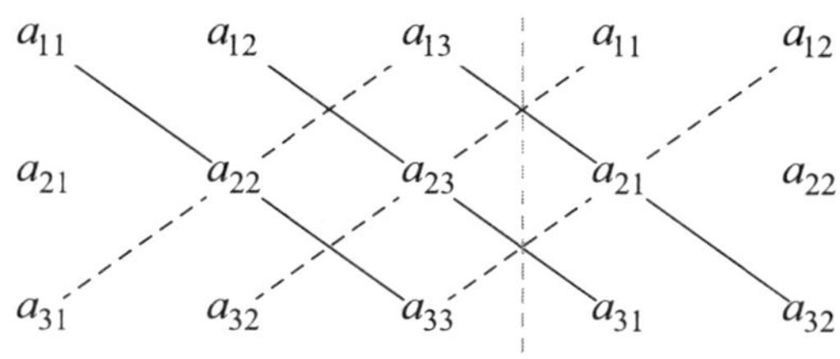

행과 열로 이루어진 정사각형 숫자 모임을 행렬이라 한다. 본 장에서는 행렬의 사칙연산과 통계학 적용을 살펴보기로 한다.

5.1 정의

차수가 $n \times p$ 인 행렬 $X_{n \times p}$ (matrix X of order $n \times p$)라 부른다. i는 행을, j는 열을 나타내며 행렬의 간편 기호는 $X_{n \times p} = \{x_{ij}\}$이다. x_{ij}을 원소(element)라 한다.

$$X_{n \times p} = \begin{bmatrix} x_{11}\ x_{12} \dots x_{1p} \\ x_{21}\ x_{22} \dots x_{2p} \\ \dots\dots\dots\dots x_{ij} \dots\dots \\ x_{n1}\ x_{n2} \dots x_{np} \end{bmatrix}$$

열의 차수가 1인 행렬을 열 벡터(column vector), 행의 차수가 1인 행렬을 행 벡터(row vector)라 한다. 일반적으로 벡터라 함은 열 벡터를 의미한다. 벡터의 기호는 열벡터 $\underset{\sim}{x}$, 행 벡터 $\underset{\sim}{x}'$로 표시한다.

차수가 p인 열 벡터 $\underset{\sim}{x} = \begin{bmatrix} x_1 \\ x_2 \\ \dots \\ x_p \end{bmatrix}$, 차수가 q인 행 벡터 $\underset{\sim}{x}_{1 \times p} = \begin{bmatrix} x_1 & x_2 & \dots x_p \end{bmatrix}$

행과 열의 차수 모두가 1인 행렬을 스칼라(scalar)라 한다. 즉 –2, 3, 1.9…… 모든 실수는 행렬에서는 스칼라이다.

5.2 특수한 행렬

5.2.1 정방행렬

행과 열의 차수가 같은 행렬(즉, $n=p$)을 정방행렬(square matrix)이라 한다.

Example 차수 3인 정방행렬의 예 $A_{3\times 3}=\begin{bmatrix} 2 & 3 & 2 \\ 4 & 2 & 3 \\ 2 & 1 & 1 \end{bmatrix}$

```
> A=matrix(c(2,3,2,4,2,3,2,3,1),ncol=3,byrow=F);A
     [,1] [,2] [,3]
[1,]    2    4    2
[2,]    3    2    3
[3,]    2    3    1
```

byrow 옵션은 셀 값 입력 순서이다. 1행, 2행, … 식으로 데이터를 입력하려면 byrow 옵션을 False로 지정한다. 1열, 2열, … 이렇게 입력하게 되면 사용하지 않아도 된다. True가 디폴트 옵션이다.

```
> dim(A);ncol(A);nrow(A);length(A)
[1] 3 3
[1] 3
[1] 3
[1] 9
```

행렬 차수 3×3, 열 차수, 행 차수 모두 3이고 셀 개수는 9이다.

5.2.2 대각행렬

정방행렬에서 대각선에 위치한 원소를 대각원소(diagonal element)라 하며, 대각 원소를 제외한 모든 원소가 0인 행렬을 대각행렬(diagonal matrix)이라 한다. 대각행렬은 정방행렬의 특수한 형태이다.

Example 차수가 4인 대각행렬의 예 $D_{4\times4}=\begin{bmatrix}1&0&0&0\\0&-1&0&0\\0&0&0&0\\0&0&0&2\end{bmatrix}$

```
> D=diag(c(1,-1,0,2),ncol=4);D
     [,1] [,2] [,3] [,4]
[1,]    1    0    0    0
[2,]    0   -1    0    0
[3,]    0    0    0    0
[4,]    0    0    0    2
```

대각합

정방행렬의 대각 원소의 합을 대각합(trace)이라 하고 $tr(A)=\sum_{i=1}^{n}A_{ii}$ 로 정의한다.

Example 정방행렬 예제의 행렬 A의 대각합은 $tr(A)=2+2+1=5$ 이고, 대각행렬 예제의 행렬 D의 대각합은 $tr(D)=1-1+0+2=2$ 이다.

```
> sum(A);sum(D)
[1] 22
[1] 2
```

5.2.3 항등행렬

정방행렬 중 대각 원소가 모두 1이고 다른 원소는 모두 0인 행렬을 항등행렬(identity matrix)라 하고 I_n라 표시한다. 항등행렬은 선형대수(linear algebra)의 곱에서 1의 역할과 동일하다. 행렬대수(matrix algebra)의 역수의 개념은 역행렬(inverse matrix)이며 정방행렬 A에 대해 $AA^{-1}=A^{-1}A=I$ 가 성립하는 A^{-1}을 역행렬이라 한다.

Example 차수가 3인 항등행렬의 예 $I_3=\begin{bmatrix}1&0&0\\0&1&0\\0&0&1\end{bmatrix}$

```
> I3=diag(3);I3
     [,1] [,2] [,3]
[1,]    1    0    0
[2,]    0    1    0
[3,]    0    0    1
```

Example 차수가 3인 항등행렬의 예

$$A=\begin{bmatrix}2&3&2\\4&2&3\\2&1&1\end{bmatrix} \text{이면 } AI=\begin{bmatrix}2&3&2\\4&2&3\\2&1&1\end{bmatrix}\begin{bmatrix}1&0&0\\0&1&0\\0&0&1\end{bmatrix}=\begin{bmatrix}2&3&2\\4&2&3\\2&1&1\end{bmatrix}=A$$

물론 $IA = A$도 성립한다(곱의 계산방법은 후에 다루기로 한다).

```
> A%*%I3
     [,1] [,2] [,3]
[1,]    2    4    2
[2,]    3    2    3
[3,]    2    3    1
```

```
> I3%*%A
     [,1] [,2] [,3]
[1,]    2    4    2
[2,]    3    2    3
[3,]    2    3    1
```

5.2.4 영행렬

행렬의 모든 원소가 0인 행렬을 영행렬(zero matrix)이라 하며, 정방행렬일 필요는 없다. 셀의 모든 값이 1인 행렬을 1(one) 행렬이라 한다.

Example 차수가 3×4 인 영행렬의 예 $O_{3\times4}=\begin{bmatrix}0&0&0&0\\0&0&0&0\\0&0&0&0\end{bmatrix}$

```
> Z=matrix(rep(0,12),ncol=4);Z
     [,1] [,2] [,3] [,4]
[1,]    0    0    0    0
[2,]    0    0    0    0
[3,]    0    0    0    0

> One=matrix(rep(1,12),ncol=4);One
     [,1] [,2] [,3] [,4]
[1,]    1    1    1    1
[2,]    1    1    1    1
[3,]    1    1    1    1
```

5.3 기초연산

5.3.1 동일

(1) 차수가 동일하고 (2) 대응 원소가 같으면 두 행렬은 동일(equal)하다고 한다. 즉 $A=B$ 이면 $a_{ij}=b_{ij}$, *for all* i,j 이다.

Example $A=\begin{bmatrix}1 & 2\\ 3 & -1\end{bmatrix}$, $B=\begin{bmatrix}1 & 2\\ 3 & -1\end{bmatrix}$, $C=\begin{bmatrix}1 & 2 & 2\\ 3 & -1 & 1\end{bmatrix}$ 인 경우 $A=B$ 이나 $A\neq C$ 이다.

5.3.2 전치

행의 원소를 열로 보내고 열의 원소를 행으로 보내어 만들어진 행렬을 전치행렬이라 하고 이 과정을 전치(transpose)라 하다. 행렬 $X_{n\times p}$의 전치행렬은 $X'_{p\times n}$이고 차수는 $(p\times n)$이다. 이를 간편 기호로 나타내면 다음과 같다.

$$X'=\{x_{ji}\}$$

Example $X_{4\times 3}=\begin{bmatrix}2 & 3 & 2\\ 4 & 2 & 3\\ 2 & 1 & 1\\ 5 & 2 & 2\end{bmatrix}$ 의 전치행렬 $X'_{3\times 4}$ 을 구하면 $X'_{3\times 4}=\begin{bmatrix}2 & 4 & 2 & 5\\ 3 & 2 & 1 & 2\\ 2 & 3 & 1 & 2\end{bmatrix}$

```
> A=matrix(c(2,4,2,5,3,2,1,2,2,3,1,2),ncol=3);A
     [,1] [,2] [,3]
[1,]    2    3    2
[2,]    4    2    3
[3,]    2    1    1
[4,]    5    2    2
> t(A)
     [,1] [,2] [,3] [,4]
[1,]    2    4    2    5
[2,]    3    2    1    2
[3,]    2    3    1    2
```

Example 열 벡터 $\underline{x}=\begin{bmatrix}2\\4\\2\end{bmatrix}$의 전치는 행 벡터 $\underline{x}'=\begin{bmatrix}2 & 4 & 2\end{bmatrix}$이다.

```
> X=as.vector(c(2,4,2));X
[1] 2 4 2
> X=matrix(c(2,4,2),ncol=1);X
     [,1]
[1,]    2
[2,]    4
[3,]    2
```

벡터를 사용하여도 되나 행렬에서는 함수 matrix()로 설정하는 것이 편리하다.

Example 행 벡터 $\underline{x}'=\begin{bmatrix}1 & -1 & 0\end{bmatrix}$의 전치는 열 벡터 $\underline{x}=\begin{bmatrix}1\\-1\\0\end{bmatrix}$이다.

➲ 전치 성질

(1) $(A')'=A$

5.3.3 대칭행렬

행렬과 전치행렬이 동일한 행렬, 즉 $A=A'(\Leftrightarrow \{a_{ij}\}=\{a_{ji}\})$인 경우 행렬 A를 대칭행렬(systematic matrix)이라 한다. 대칭행렬이 되려면 반드시 정방행렬이어야 한다.

Example $A_{3\times3}=\begin{bmatrix}2 & 4 & 2\\4 & 2 & 3\\2 & 3 & 1\end{bmatrix}$은 대칭행렬이다.

Example 항등행렬과 대각행렬은 대칭행렬이다.

5.4 합 연산

행렬의 합을 구하는 경우 두 행렬의 차수는 동일해야 하며(conformable for addition: 합 연산 적합) 각 행렬에서 대응하는 원소들의 합을 그 위치에 적으면 된다.

$$A_{n\times p}+B_{n\times p}=\{a_{ij}\}+\{b_{ij}\}=\begin{bmatrix} a_{11}\ a_{12}\ \dots\ a_{1p} \\ a_{21}\ a_{22}\ \dots a_{2p} \\ \dots\dots\dots a_{ij}\dots\dots \\ a_{n1}\ a_{n2}\ \dots a_{np} \end{bmatrix}+\begin{bmatrix} b_{11}\ b_{12}\ \dots b_{1p} \\ a_{21}\ b_{22}\ \dots b_{2p} \\ \dots\dots\dots b_{ij}\dots\dots \\ b_{n1}\ b_{n2}\ \dots b_{np} \end{bmatrix}=\begin{bmatrix} a_{11}+b_{11}\ a_{12}+b_{12}\ \dots \\ a_{21}+b_{21}\ a_{22}+b_{22}\ \dots \\ \dots\dots\dots\dots\dots \\ a_{n1}+b_{n1}\ a_{n2}+b_{n2}\ \dots \end{bmatrix}$$

Example 행렬 A, B에 대해 A+B를 구하라.

$$A=\begin{bmatrix} 2 & 4 & 2 \\ 4 & 2 & 3 \end{bmatrix},\ B=\begin{bmatrix} -2 & 1 & 2 \\ 4 & -2 & 0 \end{bmatrix}\ \Rightarrow\ A+B=\begin{bmatrix} 0 & 5 & 4 \\ 8 & 0 & 3 \end{bmatrix}$$

```
> A=matrix(c(2,4,4,2,2,3),nrow=2)
> B=matrix(c(-2,4,1,-2,2,0),nrow=2)
> A+B
     [,1] [,2] [,3]
[1,]    0    5    4
[2,]    8    0    3
```

Example 벡터 $\underline{a}$, $\underline{b}$에 대해 A+B를 구하시오.

$$\underline{a}=\begin{bmatrix} 2 \\ 4 \end{bmatrix},\ \underline{b}=\begin{bmatrix} -2 \\ 4 \end{bmatrix}\ \Rightarrow\ \underline{a}+\underline{b}=\begin{bmatrix} 0 \\ 8 \end{bmatrix}$$

➲ 합 성질

(1) $(A+B)'=A'+B'$ 단, 행렬 A, B는 합의 연산이 적합하다.

(2) $tr(A+B)=tr(A)+tr(B)$ 단, 행렬 A와 B는 차수가 같은 정방행렬이다.

(3) 결합법칙(associate law): $(A+B)+C=A+(B+C)$

5.5 곱 연산

두 벡터를 곱하기 위하여 (열 벡터)×(행 벡터), (행 벡터)×(열 벡터)만 가능하다. 이는 곱의 적합 조건 때문이다. 행렬에서 곱의 적합 조건은 앞 행렬(벡터)의 열의 차수와 뒤 행렬 행의 차수가 동일해야 한다. 곱의 결과는 (앞 행렬의 행 차수)×(뒤 행렬의 열의 차수)인 행렬(벡터, 스칼라)이다. [i번째 행]×[j번째 열]=[(i, j) 원소]

5.5.1 (행 벡터)×(열 벡터)

벡터의 곱은 앞 벡터의 열의 원소와 대응하는 뒤 벡터의 행의 원소의 곱을 더한 값을 적으면 된다. 곱이 가능하기 위해서는 앞 행의 차수와 열의 차수는 같아야 하며 행 벡터 ($1\times p$행렬)와 열 벡터($p\times 1$행렬) 곱은 스칼라(1×1행렬)이다.

$$\underline{a}'\underline{x} = \begin{bmatrix} a_1 & a_2 \dots a_p \end{bmatrix} \begin{bmatrix} x_1 \\ x_2 \\ \vdots \\ x_p \end{bmatrix} = a_1x_1 + a_2x_2 + \dots + a_px_p = \sum_{i=1}^{p} a_i x_i$$

Example $\underline{a} = \begin{bmatrix} 1 \\ 2 \\ 3 \end{bmatrix}$, $\underline{x} = \begin{bmatrix} 1 \\ 0 \\ -1 \end{bmatrix}$이면

$$\underline{a}'\underline{x} = \begin{bmatrix} 1 & 2 & 3 \end{bmatrix}_{1\times 3} \begin{bmatrix} 1 \\ 0 \\ -1 \end{bmatrix}_{3\times 1} = 1\times 1 + 2\times 0 + 3\times(-1) = -2$$

```
> a=matrix(c(1,2,3),ncol=1)
> x=matrix(c(1,0,-1),ncol=1)
> t(a)%*%x
     [,1]
[1,]   -2
```

차수가 적합하지 않아 연산이 되지 않는 경우 오류 메세지(non-conformable)가 출력된다.

```
> a%*%x
Error in a %*% x : non-conformable arguments
```

5.5.2 (열 벡터)×(행 벡터)

열 벡터 열 원소와 행 벡터의 행 원소의 곱을 (앞의 열 벡터 원소 위치) 행, (뒤의 행 벡터 원수 위치) 열로 하여 행렬을 만든다. 앞의 열 벡터와 차수와 뒤 열 벡터 차수는 같을 필요가 없다. 결과는 $(n \times p)$행렬이다.

$$\underline{a}\underline{x}' = \begin{bmatrix} a_1 \\ a_2 \\ \vdots \\ a_n \end{bmatrix} \begin{bmatrix} x_1 & x_2 \ldots x_p \end{bmatrix} = \begin{bmatrix} a_1x_1 & a_1x_2 \cdots a_1x_p \\ a_2x_1 & a_2x_2 \cdots a_2x_p \\ \vdots & \\ a_nx_1 & a_nx_2 \cdots a_nx_p \end{bmatrix}_{n\times p}$$

Example $\underline{a} = \begin{bmatrix} 2 \\ 4 \\ 2 \end{bmatrix}$, $\underline{b} = \begin{bmatrix} -1 \\ 2 \\ 0 \\ 1 \end{bmatrix}$, $\underline{x} = \begin{bmatrix} -1 \\ 0 \\ 2 \end{bmatrix}$에서 $\underline{a}'\underline{x}$와 $\underline{a}\underline{b}'$를 구하시오.

$$\underline{a}'\underline{x} = \begin{bmatrix} 2 & 4 & 2 \end{bmatrix} \begin{bmatrix} -1 \\ 0 \\ 2 \end{bmatrix} = -2+0+4 = 2, \quad \underline{a}\underline{b}' = \begin{bmatrix} 2 \\ 4 \\ 2 \end{bmatrix} \begin{bmatrix} -1 & 2 & 0 & 1 \end{bmatrix} = \begin{bmatrix} -2 & 4 & 0 & 2 \\ -4 & 8 & 0 & 4 \\ -2 & 4 & 0 & 2 \end{bmatrix}$$

```
> a=matrix(c(2,4,2),ncol=1)
> b=matrix(c(-1,2,0,1),ncol=1)
> x=matrix(c(-1,0,2),ncol=1)
> t(a)%*%x
     [,1]
[1,]    2
> a%*%t(b)
     [,1] [,2] [,3] [,4]
[1,]   -2    4    0    2
[2,]   -4    8    0    4
[3,]   -2    4    0    2
```

그러나 $\underline{a}\underline{x}'$나 $\underline{a}'\underline{b}$는 성립하지 않는다.

행렬(벡터)에 스칼라를 곱한다는 것은 모든 원소에 스칼라 배를 하는 것을 의미한다.

Example $3\begin{bmatrix}1 & 2\\ -1 & 0\end{bmatrix}=\begin{bmatrix}3 & 6\\ -3 & 0\end{bmatrix}$, $-2\begin{bmatrix}-1\\ 0\\ 2\end{bmatrix}=\begin{bmatrix}2\\ 0\\ -4\end{bmatrix}$

```
> A=matrix(c(1,-1,2,0),nrow=2)
> 3*A
     [,1] [,2]
[1,]    3    6
[2,]   -3    0
```

5.5.3 (벡터)×(행렬) 혹은 (행렬)×(벡터)

벡터와 행렬을 곱하기 위해서는 앞의 행렬(벡터)의 열의 차수와 뒤 행렬(벡터)의 행렬의 행의 차수는 동일해야 한다. 계산된 행렬의 차수는 앞에 곱해진 벡터(행렬)의 행의 차수와 뒤의 행렬(벡터)의 열의 차수이다.

벡터 $\underline{a}=\begin{bmatrix}a_1\\ a_2\\ \vdots\\ a_n\end{bmatrix}$ 와 행렬 $X_{n\times p}=\begin{bmatrix}x_{11}\ x_{12}\ \dots x_{1p}\\ x_{21}\ x_{22}\ \dots x_{2p}\\ \dots\dots\dots x_{ij}\dots\dots\\ x_{n1}\ x_{n2}\ \dots x_{np}\end{bmatrix}$ 에서 $\underline{a}'X$ 은 다음과 같다.

$$\underline{a}'X=[a_1\ \ a_2\dots a_n]\begin{bmatrix}x_{11}\ x_{12}\ \dots x_{1p}\\ x_{21}\ x_{22}\ \dots x_{2p}\\ \dots\dots\dots x_{ij}\dots\dots\\ x_{n1}\ x_{n2}\ \dots x_{np}\end{bmatrix}=\{\sum_{i=1}^{n}a_i x_{ij}\}_{n\times p}$$

만약 $n\neq p$ 이면 $X\underline{a}$ 혹은 $X\underline{a}'$ 은 존재하지 않는다.

Example $\underline{a}=\begin{bmatrix}2\\ 4\end{bmatrix}$, $X=\begin{bmatrix}1 & 0 & -1\\ 2 & 3 & 1\end{bmatrix}$인 경우 $\underline{a}'X=[2\ \ 4]\begin{bmatrix}1 & 0 & -1\\ 2 & 3 & 1\end{bmatrix}=[10\ \ 12\ \ 2]$

Example $\underline{a}=\begin{bmatrix}2\\ 4\\ 1\end{bmatrix}$, $X=\begin{bmatrix}1 & 0 & -1\\ 2 & 3 & 1\end{bmatrix}$인 경우 $X\underline{a}=\begin{bmatrix}1 & 0 & -1\\ 2 & 3 & 1\end{bmatrix}\begin{bmatrix}2\\ 4\\ 1\end{bmatrix}=[1\ \ 17]$ 이다.

그러나 $\mathrm{X}\underline{a}'$ 혹은 $\underline{a}\mathrm{X}$ 은 존재하지 않는다.

```
> a=matrix(c(2,4,1),ncol=1)
> X=matrix(c(1,2,0,3,-1,1),nrow=2)
> X%*%a
     [,1]
[1,]    1
[2,]   17
> a%*%X
Error in a %*% X : non-conformable arguments
```

5.5.4 (행렬)×(행렬)

앞 행렬의 열의 차수와 뒤 행렬의 행의 차수가 동일해야 행렬의 곱이 성립하며, 결과는 앞 행렬의 행의 차수와 뒤 행렬의 열의 차수가 된다.

행렬 $A_{n\times p} = \begin{bmatrix} a_{11}\ a_{12}\ \dots\ a_{1p} \\ a_{21}\ a_{22}\ \dots\ a_{2p} \\ \dots\dots\dots a_{ij}\dots\dots\dots \\ a_{n1}\ a_{n2}\ \dots\ a_{np} \end{bmatrix}$, $B_{p\times q} = \begin{bmatrix} b_{11}\ b_{12}\dots b_{1q} \\ b_{21}\ b_{22}\dots b_{2q} \\ \dots\dots\dots b_{ij}\dots\dots\dots \\ b_{p1}\ b_{p2}\dots b_{pq} \end{bmatrix}$ 에 대해 $AB_{n\times q}$ 는 다음과 같이 표현된다.

$$AB_{n\times q} = \begin{bmatrix} a_{11}b_{11} + a_{12}b_{21} + \cdots + a_{1p}b_{p1} & \cdots & a_{11}b_{1q} + a_{12}b_{2q} + \cdots + a_{1p}b_{pq} \\ \vdots & \vdots & \vdots \\ a_{n1}b_{11} + a_{n2}b_{21} + \cdots + a_{np}b_{p1} & \cdots & a_{n1}b_{1q} + a_{n2}b_{2q} + \cdots + a_{np}b_{pq} \end{bmatrix}$$

이를 간편 기호로 표현하면 $AB = \left\{ \sum_{k=1}^{p} a_{ik}b_{kj} \right\}$ 이고, AB의 차수는 $n\times q$이다.

Example 두 행렬의 곱을 구하시오(AB, BA는 성립하지 않는다).

$$A = \begin{bmatrix} 2 & 0 \\ 1 & 1 \\ 0 & 2 \end{bmatrix},\quad B = \begin{bmatrix} 1 & 0 \\ 0 & 1 \\ 1 & 1 \end{bmatrix}$$

$$A'B = \begin{bmatrix} 2 & 1 & 0 \\ 0 & 1 & 2 \end{bmatrix}\begin{bmatrix} 1 & 0 \\ 0 & 1 \\ 1 & 1 \end{bmatrix} = \begin{bmatrix} 2 & 1 \\ 2 & 3 \end{bmatrix} \neq B'A = \begin{bmatrix} 1 & 0 & 1 \\ 0 & 1 & 1 \end{bmatrix}\begin{bmatrix} 2 & 0 \\ 1 & 1 \\ 0 & 2 \end{bmatrix} = \begin{bmatrix} 2 & 2 \\ 1 & 3 \end{bmatrix}$$

```
> A=matrix(c(2,1,0,0,1,2),nrow=3)
> B=matrix(c(1,0,1,0,1,1),nrow=3)
> t(A)%*%B
     [,1] [,2]
[1,]    2    1
[2,]    2    3
> t(B)%*%A
     [,1] [,2]
[1,]    2    2
[2,]    1    3
> A%*%B
Error in A %*% B : non-conformable arguments
> B%*%A
Error in B %*% A : non-conformable arguments
```

5.5.5 곱 관련 성질

➲ 곱 성질 $A_{n\times p}$, $B_{p\times q}$

(1) BA의 연산이 가능하더라도 일반적으로 $AB \neq BA$이다.

(2) $(AB)' = B'A'$이 성립한다(단 곱의 연산이 적합한 경우 가능하다).

(3) A, B가 대칭행렬이면 $(AB)' = B'A' = BA$

(4) $tr(AB) = tr(BA)$ 단, AB가 정방행렬일 때만 성립한다.

➲ 곱 연산법칙

(1) 결합법칙(Associate law): $(A+B)+C = A+(B+C)$, $(AB)C = A(BC) = ABC$

(2) 배분법칙(Distribution law): $A(B+C) = AB + AC$

(3) 교환법칙(Communication law): $(A+B) = (B+A)$

➲ 멱등행렬

(1) $M^2 = MM = M$ 이면 행렬 M은 멱등행렬(idempotent matrix)이다.

(2) M이 멱등 행렬이면 $M^k = M$ (k는 양의 정수)이 성립한다.

➲ 항등벡터

$\underline{e}_i = \begin{bmatrix} 0 \\ 0 \\ 1 \\ 0 \\ \vdots \\ 0 \end{bmatrix}$ (i 번째 원소만1)를 항등벡터(elementary vector)라 한다. 즉 항등벡터는 벡터

원소 중 i 번째 원소만 1이고 나머지는 0인 벡터이다. 항등행렬을 항등벡터로 표현하면 $I_n = \sum_{i=1}^{n} \underline{e}_i \underline{e}'_i$ 이고, $\underline{e}'_i \underline{e} = 1$ 이다.

➲ 모든 원소가 1인 벡터와 행렬

$$\underline{1}_n = \begin{bmatrix} 1 \\ 1 \\ \cdots \\ 1 \end{bmatrix}, \quad J_n = 1_n = \begin{bmatrix} 1 & 1 & 1 \ldots 1 \\ 1 & 1 & 1 \ldots 1 \\ \cdots & & \\ 1 & 1 & 1 \ldots 1 \end{bmatrix} = \underline{1}_n \underline{1}_n', \text{ 그리고 } \underline{1}'\underline{1} = n \text{ 이다.}$$

➲ 직교행렬

$AA' = A'A = I$ 이면 행렬 A는 직교행렬(orthogonal matrix)이라 한다.

5.6 나누기 연산

앞에서는 행렬의 합, 빼기, 곱에 대해 설명하였으나 나누기에 대한 연산은 언급하지 않았다. 행렬의 나누기 연산이 바로 역행렬(inverse matrix)을 구하는 것이다. 정방 행렬일 경우만 역행렬을 논의할 수 있다.

5.6.1 행렬식

• 차수가 2일 경우: $A = \begin{bmatrix} a & b \\ c & d \end{bmatrix} \Rightarrow |A| = ad - bc$

행렬 $A = \begin{bmatrix} 7 & 3 \\ 4 & 6 \end{bmatrix}$의 행렬식(Determinant)은 $|A| = 7 \times 6 - 3 \times 4 = 30$ (scalar이다)

• 차수가 3일 경우:

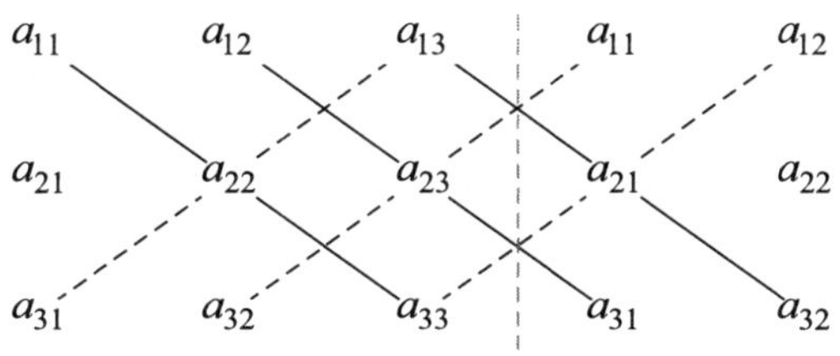

(Wikipedia)

$A = \begin{bmatrix} 1 & 2 & 3 \\ 4 & 5 & 7 \\ 8 & 9 & 10 \end{bmatrix}$ 의 행렬식은

$$|A| = 1*5*10 + 2*7*8 + 3*4*9 - 3*5*8 - 1*7*9 - 2*4*10 = 7$$

$$|A| = 1(-1)^{1+1}\begin{vmatrix} 5 & 7 \\ 7 & 10 \end{vmatrix} + 2(-1)^{1+2}\begin{vmatrix} 4 & 7 \\ 8 & 10 \end{vmatrix} + 3(-1)^{1+3}\begin{vmatrix} 4 & 5 \\ 8 & 9 \end{vmatrix} = 7$$ 혹은

$$|A| = 4(-1)^{2+1}\begin{vmatrix} 2 & 3 \\ 9 & 10 \end{vmatrix} + 5(-1)^{2+2}\begin{vmatrix} 1 & 3 \\ 8 & 10 \end{vmatrix} + 7(-1)^{2+3}\begin{vmatrix} 1 & 2 \\ 8 & 9 \end{vmatrix} = 7$$ (2번째 행을 이용) 혹은

$$|A| = 1(-1)^{1+1}\begin{vmatrix} 5 & 7 \\ 9 & 10 \end{vmatrix} + 4(-1)^{2+1}\begin{vmatrix} 2 & 3 \\ 9 & 10 \end{vmatrix} + 8(-1)^{3+1}\begin{vmatrix} 2 & 3 \\ 5 & 7 \end{vmatrix} = 7$$ (1번째 열 이용) 모두 동일

이를 확장하면 차수 n의 행렬의 행렬식은

$$|A| = \sum_{i=1}^{n} a_{ij}(-1)^{i+j}|M_{ij}| = \sum_{j=1}^{n} a_{ij}(-1)^{i+j}|M_{ij}|$$

이다.

$|M_{ij}|$를 minor라 하고 $(-1)^{i+j}|M_{ij}|$을 cofactor라 한다.

```
> A=matrix(c(1,4,8,2,5,9,3,7,10),nrow=3)
> det(A)
[1] 7
```

5.6.2 행렬식 성질

(1) $|A'| = |A|$, $|AB| = |A||B|$, $|AB| = |BA|$

(2) 행렬 A의 두 행이 같으면 행렬식은 0이다.

(3) 한 행(열)의 상수를 곱하여 다른 행에 더해도 행렬식 값은 변하지 않는다.

(4) 한 행(열)을 다른 행들의 선형 결합으로 표현할 수 있으면 행렬식의 값은 0이다. (예: 다중공선성)

5.6.3 역행렬

정방행렬 A에서 $AB = BA = I$ 를 만족하는 행렬 B를 A의 역행렬이라 하고 A^{-1} 로 나타낸다.

$A^{-1} = \frac{1}{|A|} adjA = \frac{1}{|A|}$ [A 원소를 cofactor로 대치]' 간단한 예를 들어 설명하기로 한다.

$$A = \begin{bmatrix} 1 & 2 \\ 3 & 4 \end{bmatrix} \rightarrow |A| = 1 \times 4 - 2 \times 3 = -2$$

$$adjA = \begin{bmatrix} (-1)^{1+1}4 & (-1)^{1+2}3 \\ (-1)^{2+1}2 & (-1)^{2+2}1 \end{bmatrix}' = \begin{bmatrix} 4 & -3 \\ -2 & 1 \end{bmatrix}' = \begin{bmatrix} 4 & -2 \\ -3 & 1 \end{bmatrix}$$

$$A^{-1} = \frac{1}{-2}\begin{bmatrix} 4 & -2 \\ -3 & 1 \end{bmatrix} = \begin{bmatrix} -2 & 1 \\ 3/2 & -1/2 \end{bmatrix}$$

$$AA^{-1} = \begin{bmatrix} 1 & 2 \\ 3 & 4 \end{bmatrix}\begin{bmatrix} -2 & 1 \\ 3/2 & -1/2 \end{bmatrix} = \begin{bmatrix} 1 & 0 \\ 0 & 1 \end{bmatrix} = I_2,\ A^{-1}A = \begin{bmatrix} -2 & 1 \\ 3/2 & -1/2 \end{bmatrix}\begin{bmatrix} 1 & 2 \\ 3 & 4 \end{bmatrix} = I_2$$

역 행렬이 존재하려면 (1) 정방행렬이고 (2) 행렬식이 0이 아니어야 한다.

```
> A=matrix(c(1,3,2,4),nrow=2)
> solve(A)
     [,1] [,2]
[1,] -2.0  1.0
[2,]  1.5 -0.5
```

➲ 연립방정식

$2u - 2v - w = 5$
$u + v - 2w = 1$ 을 행렬로 표시하면 $A\underline{x} = \underline{b} \Leftrightarrow \begin{bmatrix} 2 & 2 & -1 \\ 1 & 1 & -2 \\ 1 & 0 & -1 \end{bmatrix}\begin{bmatrix} u \\ v \\ w \end{bmatrix} = \begin{bmatrix} 5 \\ 1 \\ 4 \end{bmatrix}$ 와 같다. 연립 방정
$u - w = 4$

식의 해는 $A^{-1}A\underline{x} = A^{-1}\underline{b} \Rightarrow I\underline{x} = A^{-1}\underline{b} \Rightarrow \underline{x} = A^{-1}\underline{b}$ 이다. 행렬 A의 역행렬만 구하면 해를 구할 수 있다.

```
> A=matrix(c(2,1,1,2,1,0,-1,-2,-1),nrow=3)
> b=matrix(c(5,1,4),ncol=1)
> solve(A)%*%b
     [,1]
[1,]    5
[2,]   -2
[3,]    1
> A%*%solve(A)%*%b
     [,1]
[1,]    5
[2,]    1
[3,]    4
```

➲ 역행렬 성질

① 역행렬은 단 하나만 존재(unique)한다.

② $|A^{-1}|=1/|A|$, $(A^{-1})^{-1}=A$, $(A')^{-1}=(A^{-1})'$, $(AB)^{-1}=B^{-1}A^{-1}$

5.7 통계학 이용

회귀 모형: $\underline{y}=X\underline{b}+\underline{e} \Rightarrow \begin{bmatrix} y_1 \\ y_2 \\ \vdots \\ y_n \end{bmatrix} = \begin{bmatrix} 1 & x_{11} & x_{12} & \dots & x_{1p} \\ 1 & x_{21} & x_{22} & \dots & x_{2p} \\ & & \vdots & & \\ 1 & x_{n1} & x_{n2} & \dots & x_{np} \end{bmatrix} \begin{bmatrix} a \\ b_1 \\ b_2 \\ \vdots \\ b_p \end{bmatrix} + \begin{bmatrix} e_1 \\ e_2 \\ \vdots \\ e_n \end{bmatrix}$

$$\min_{\underline{b}} \sum_{i=1}^{n} e_i^2 = \min_{\underline{b}} \underline{e}'\underline{e} = \min_{\underline{b}} (\underline{y}-X\underline{b})'(\underline{y}-X\underline{b}) = \min_{\underline{b}} (\underline{y}'\underline{y}-\underline{y}'X\underline{b}-\underline{b}'X'\underline{y}+\underline{b}'X'X\underline{b})$$

위를 $\underline{b}$에 대해 미분하면 $X'X\hat{\underline{b}}=X'\underline{y}$ 이므로 $\hat{\underline{b}}=(X'X)^{-1}X'\underline{y}$

[정의] $H=X\left(X'X\right)^{-1}X'$ 를 Hat 행렬이라 한다.

[정의] $AA=A$ 을 만족하는 행렬을 멱등행렬 idempotent이라 한다.

[정리] Hat 행렬은 대칭행렬이며 멱등행렬이다.

증명 $HH=X\left(X'X\right)^{-1}X'X\left(X'X\right)^{-1}X'=X\left(X'X\right)^{-1}X'=H$ 이다.

$H'=[X\left(X'X\right)^{-1}X']'=X\left(X'X\right)^{-1}X'=H$ 이다.

적합치(fitted value) $\hat{\underline{y}}=H\underline{y}$

잔차(residuals) $\hat{\underline{e}}=\left(I-H\right)\underline{y}$

변동분해

총변동 : $SST=\sum\left(y_i-\overline{y}\right)^2=\underline{y}'\left(I-\left(\frac{1}{n}\right)J\right)\underline{y}$

오차변동 : $SSE=\underline{y}'\left(I-H\right)\underline{y}$

회귀변동 : $SSR=\underline{y}'\left(H-\left(\frac{1}{n}\right)J\right)\underline{y}$

행렬미분

상수 벡터 $\underline{a} = \begin{bmatrix} a_1 \\ a_2 \\ \vdots \\ a_p \end{bmatrix}$, 확률변수 벡터 $\underline{x} = \begin{bmatrix} x_1 \\ x_2 \\ \vdots \\ x_p \end{bmatrix}$라 하면

(1) $\frac{\partial}{\partial \underline{x}}(\underline{a}'\underline{x}) = \underline{a}$ (2) $\frac{\partial}{\partial \underline{x}}(\underline{x}'\underline{a}) = \underline{a}$

(3) $\frac{\partial}{\partial \underline{x}}(\underline{x}'A\underline{x}) = A\underline{x} + A'\underline{x}$ (A는 정방행렬)

(4) 만약 A가 대칭행렬이면 $\frac{\partial}{\partial \underline{x}}(\underline{x}'A\underline{x}) = 2A\underline{x}$

단순 회귀분석

Id	Y	X
1	3	1
2	7	3
3	11	5
4	13	7
5	17	9
6	20	10

```
> x=c(1,3,5,7,9,10)
> y=c(3,7,11,13,17,20)
> fit=lm(y~x) #최소자승추정법 4장 참고
> fit$coefficients
(Intercept)           x
   1.397260    1.789041
```

최소자승추정 적합선 : $y = 1.397 + 1.789x$

```
> X=as.matrix(cbind(rep(1,6),x));X #데이터 행렬
       x
[1,] 1  1
[2,] 1  3
[3,] 1  5
[4,] 1  7
[5,] 1  9
[6,] 1 10

> y=as.matrix(y);y #종속변수 벡터
     [,1]
[1,]    3
[2,]    7
[3,]   11
[4,]   13
[5,]   17
[6,]   20
```

```
> bhat=solve(t(X)%*%X)%*%t(X)%*%y;bhat #최소자승 추정치
      [,1]
  1.397260
x 1.789041
```

lm() 추정과 동일

```
bhat=solve(t(X)%*%X)%*%t(X)%*%y;bhat #최소자승 추정치
H=X%*%solve(t(X)%*%X)%*%t(X);H #hat matrix
H%*%H #멱등행렬 증명
```

[적합치]

```
> fit$fitted.values #lm()함수
        1         2         3         4         5         6
 3.186301  6.764384 10.342466 13.920548 17.498630 19.287671
> H%*%y #행렬 계산 적합치
          [,1]
[1,]  3.186301
[2,]  6.764384
[3,] 10.342466
[4,] 13.920548
[5,] 17.498630
[6,] 19.287671
```

[분산분석]

```
> anova(fit)
Analysis of Variance Table

Response: y
          Df  Sum Sq Mean Sq F value    Pr(>F)
x          1 194.707 194.707  366.33 4.391e-05 ***
Residuals  4   2.126   0.532

> I=diag(nrow(H)) #차수6 항등행렬
> t(y)%*%(I-H)%*%y #SSE
         [,1]
[1,] 2.126027

> J=matrix(rep(1,nrow(H)^2),ncol=nrow(H)) #1 행렬
> t(y)%*%(H-J/nrow(H))%*%y #SSR
         [,1]
[1,] 194.7073
```

5.7.1 역행렬 성질

(1) 역행렬은 unique하다.

(2) $|A^{-1}|=1/|A|$, $(A^{-1})^{-1}=A$, $(A')^{-1}=(A^{-1})'$, $(AB)^{-1}=B^{-1}A^{-1}$

➲ 계수와 역행렬

행렬의 계수(rank)는 행렬에서 선형독립인 행(그리고 열)의 수이고 rank(A)로 표현한다.

- 정의(LIN: linearly independent vector): $a_1\underline{x}_1+a_2\underline{x}_2+...+a_p\underline{x}_p=\underline{0}$ 가 모든 a_i $=0$일 때만 만족한다면 벡터 $\underline{x}_1, \underline{x}_2 \cdots, \underline{x}_p$ 는 선형독립(linearly independent) 벡터라 하고, 0이 아닌 a_i에 대해서 만족한다면 선형종속(linearly dependent)인 벡터라 한다. 상호 종속인 벡터는 하나의 벡터를 다른 벡터들의 선형 결합으로 표시할 수 있다는 것을 의미한다.
- 정의(full rank): (nxn)정방행렬에서 선형독립인 행(열)의 개수($rank(A)$)가 행렬의 차수 n와 같다면 이 행렬은 full-rank 행렬이라 한다. 즉 $rank(A_{n\times n})=n$이면 full-rank이다. 행렬 $A_{n\times n}$에 대해 다음과 같다.

역행렬이 존재한다.	역행렬이 존재하지 않는다.
full-rank이다. rank(A)=n	full-rank아니다. rank(A) < n
A는 non-singular이다.	A는 singular이다.
$\|A\| \neq 0$	$\|A\| = 0$
Ax=b의 해가 존재한다.	Ax=b의 해가 존재하지 않는다.

찾아보기

〈영문〉

F-분포 69
Greek 문자 31
Maclaurin 시리즈 128
Polar Diagram 4
R-메뉴
  파일 메뉴 14, 15
  아이콘 메뉴 12
R-함수
  수학함수 20
  내장함수 19
  문자함수 21
  통계분포함수 23
  통계함수 22
  PLOT() 함수 25
R 활용 8
t-분포 68
Taylor 시리즈 37, 128

〈ㄱ〉

감마 분포 66
감마 분포함수 163
감마함수 33
거리 46
곱 연산 179
구간함수 75
균일분포함수 64
극한 82
극한과 연속함수 89
기대값 56, 157
기술통계학 6
기울기 46
기하분포 62
기함수 74

〈ㄴ〉

누적분포함수 77

〈ㄷ〉

다차 미분 102
대각합 174
대각행렬 173
대칭행렬 177
데이터 7
동일 176
등비수열 36
등차수열 35

〈ㄹ〉

로그함수 미분 106

〈ㅁ〉

멱등행렬 183
미분 98
미분 규칙 99
미분 응용 116
미분 정의 98

〈ㅂ〉

베르누이 분포 57
베타 분포 69

부등식 성질 81
부분적분 139, 152
분산 40, 57

〈ㅅ〉

삼각부등식 80
삼각함수 72
삼각함수 극한 89
삼각함수 미분 109
설치하기 9
수직 47
수학 7
순열 33
스크립트 29

〈ㅇ〉

역행렬 185
연산자
  논리 연산자 27
  수학 연산자 26
연속함수와 미분 90
영행렬 175
오브젝트 18
와이블 분포 66
우극한 85
우함수 74
음이항분포 63
이산형 분포함수 관계 63
이항분포 57
이항 시리즈 34
이항분포의 정규분포근사 70
이항분포의 포아송 분포근사 70

〈ㅈ〉

잠재미분 115
적분 138
전치 176
절대값 79
정규분포함수 64
정방행렬 173
정수함수 77
정적분 140
제어문
  FOR 문장 27
  WHILE 문장 28
  IF-ELSE 문장 28
조합 33
좌극한 85
지수분포 65
지수함수 미분 108
지수함수 시리즈 35
직교행렬 184
직선방정식 47

〈ㅊ〉

초기하분포 60
최대값 116
최소값 116
최소자승 추정치 124
추론통계학 6
치환적분 147

〈ㅋ〉

카이제곱분포 68

〈ㅌ〉

통계 방법론 7
통계학 2
통계학 기원 3
통계학 도구 7

〈ㅍ〉

파스칼의 삼각형 4
패키지 설치 11
편미분 123
평균 40, 57
평행 47
포아송 분포 58
표 적분 153
표본공간 38, 156
표준정규분포 최대값 125
표준화 65

〈ㅎ〉

함수 51
함수 사칙연산 78
합성함수 76
합 연산 178
항등벡터 183
항등행렬 174, 184
행렬 172
행렬정의 172
행렬식 184
확률변수 37, 56, 156
확률변수 정의 38
확률분포함수 56

저자 소개

권세혁(權世赫)
성균관대학교 통계학과 대학원, 석사
North Carolina State University, 통계학 박사
전자통신연구원, 선임 연구원
현) 한남대학교 비즈니스통계학과 교수

R을 이용한 통계수학 -제2판-

저　　자　권세혁
발 행 인　김지영
발 행 처　자유아카데미
주　　소　경기도 파주시 회동길 37-42
　　　　　파주출판도시
전　　화　031-955-1321
팩　　스　031-955-1322
홈페이지　www.freeaca.com
전자우편　main@freeaca.com (대표)
　　　　　editor@freeaca.com (편집)
　　　　　crm@freeaca.com (영업)
등　　록　제406-2003-017호, 1980. 7. 12
제2판1쇄　2022년 8월 31일 발행

저자와의 협의하에 인지생략

ISBN 979-11-5808-370-0 93310